MINISTÈRE DE L'AGRICULTURE ET DU COMMERCE.

COMITÉ CONSULTATIF DES ÉPIZOOTIES.

PROJET DE LOI

SUR

LA POLICE SANITAIRE DES ANIMAUX.

MARS 1878.

PARIS.

IMPRIMERIE NATIONALE.

1878.

RAPPORT

A MONSIEUR LE MINISTRE DE L'AGRICULTURE ET DU COMMERCE

AU NOM DU COMITÉ CONSULTATIF DES ÉPIZOOTIES (1)

CHARGÉ DE PRÉPARER

UN PROJET DE LOI SUR LA POLICE SANITAIRE DES ANIMAUX

PAR M. H. BOULEY,

MEMBRE DE L'INSTITUT, INSPECTEUR GÉNÉRAL DES ÉCOLES VÉTÉRINAIRES.

Monsieur le Ministre,

Le Comité consultatif des épizooties vient de terminer la mission, que vous lui aviez confiée, de préparer un projet de loi sur la police sanitaire des animaux domestiques, et il vous soumet aujourd'hui le texte de ce projet, en vous exposant dans ce rapport les motifs des dispositions qu'il a adoptées.

I

Les maladies épizootiques, celles surtout qui sont contagieuses, constituent   Historique.
pour la fortune privée et pour la fortune publique un danger toujours mena-

----

(1) MEMBRES DU COMITÉ :

MM. COLLIGNON, conseiller d'État, *Président.*
    LÉON RENAULT, député, membre de la Société centrale de médecine vétérinaire;
    OZENNE, conseiller d'État, secrétaire général du ministère de l'Agriculture et du Commerce,
    PORLIER, directeur de l'Agriculture;
    TISSERAND, inspecteur général de l'Agriculture;
    BOULEY, membre de l'Institut, inspecteur général des Écoles vétérinaires;
    FAUVEL, inspecteur général des services sanitaires;
    REYNAL, directeur de l'École vétérinaire d'Alfort;
    JOSSEAU, ancien député, avocat à la Cour d'appel;
    PLUCHET, agriculteur, membre de la Société centrale d'Agriculture de France;
    HUGOT, vétérinaire principal de l'Armée;
    LEBLOND, sous-chef de bureau au ministère de l'Agriculture et du Commerce, *secrétaire.*

çant, souvent réalisé, contre lequel il est indispensable d'armer l'autorité publique des pouvoirs nécessaires pour qu'elle puisse, par des efforts concertés qu'elle seule est capable de diriger, soit prévenir l'invasion de ces maladies, soit en circonscrire les foyers et en borner les ravages.

La nécessité de l'intervention de l'autorité publique pour défendre les animaux domestiques des différentes espèces contre les atteintes des graves maladies contagieuses qui peuvent les frapper n'est que trop démontrée par l'histoire du passé, notamment par celle du moyen âge, où, loin de savoir combattre ces maladies, on avait recours à des pratiques qui ne pouvaient que favoriser leur propagation. Aussi retrouve-t-on dans les chroniques de cette époque l'indication fréquente des désastres que causaient ces contagions qui, plus d'une fois, ont amené la dépopulation presque entière des provinces où elles sévissaient. A l'intensité du mal, comme aux traits par lesquels on le signale, il est facile de reconnaître parmi elles l'apparition, à des époques souvent très-rapprochées, de la terrible peste que les bestiaux de l'Europe orientale apportent toujours avec eux dans leurs migrations vers l'Occident, quelles que soient, du reste, les causes de ces mouvements, guerres ou transactions commerciales.

Après le moyen âge, malgré les enseignements que fournissent les écrits de l'antiquité, où se trouvent de précieuses indications sur les moyens à l'aide desquels on peut mettre les bestiaux à l'abri de quelques-unes des maladies qui les attaquent et les détruisent, il ne paraît pas qu'on ait eu recours à des mesures préventives générales, prises d'office par les pouvoirs publics, contre les contagions animales; et il faut arriver jusqu'au xviiie siècle pour trouver des actes de ces pouvoirs qui aient pour but de protéger les animaux domestiques, par des prescriptions sanitaires, contre les atteintes et les sévices de ces contagions.

Au point de vue spécial du projet de loi que le Comité consultatif des épizooties a pour mission de préparer, il ne sera pas inutile, sans doute, de présenter ici, dans un tableau résumé, les différentes mesures sanitaires qui ont été successivement prescrites depuis le 10 avril 1714, date du premier arrêt qui ait été rendu sur la police sanitaire des animaux domestiques, jusqu'au décret du 3o septembre 1871, relatif à la peste bovine. Ce tableau analytique fera voir l'évolution graduelle du système sanitaire français, et permettra d'apprécier, au double point de vue de la justice et de l'efficacité pratique, les différentes mesures qui ont été successivement prescrites dans la série des cent soixante ans écoulés depuis l'édiction de la première d'entre elles.

Arrêt du Conseil
du 10 avril 1714.

L'arrêt du Conseil du 10 avril 1714 a rapport surtout à l'hygiène publique générale, aussi bien celle de l'homme que celle des animaux.

Il a pour but de prévenir les dangers de l'infection de l'air par les émanations des cadavres des animaux morts de maladie, sans désignation de nom, que « la plupart des propriétaires, dit l'arrêt, abandonnent dans la campagne et sur les chemins, après en avoir fait arracher et enlever les peaux »; et il ordonne l'enfouissement de ces cadavres « jusqu'à trois pieds de profondeur, sans pouvoir en prendre ni en lever les peaux, sous quelque prétexte que ce soit. » Cette dernière prescription semble impliquer que l'arrêt de 1714 visait un double but : celui de prévenir les contagions d'une part, et, de l'autre, les dangers de la putréfaction à l'air libre des cadavres des animaux.

La peine pour chaque contravention est de cent livres d'amende, et de deux cents livres, en cas de récidive, avec peine afflictive.

Conformément aux mœurs du temps, l'arrêt fait un appel à la dénonciation et encourage le dénonciateur en lui attribuant la moitié des amendes.

Dans la même année 1714, un autre arrêt du Conseil est intervenu, sous la date du 16 septembre, ayant pour objet de prévenir la communication des maladies contagieuses « par les mélanges des animaux malades avec les sains sur les foires et marchés. » En conséquence, défense est faite par l'ordre de cet arrêt « de conduire, amener, vendre ou exposer en vente aucuns bœufs, vaches ni veaux, de quelques provinces ou pays qu'ils puissent être, dans les foires ou marchés, (l'arrêt les désigne) où lesdites maladies ont cours. »

Arrêt du Conseil du 16 septembre 1714.

Défense est faite également « de conduire ni d'amener desdites provinces infectées ou suspectées, aucuns bœufs, vaches ni veaux, dans les provinces et pays où les bestiaux ne sont pas encore attaqués des mêmes maux, sous quelque prétexte que ce soit, même de les vendre dans les foires et marchés qui s'y tiennent, le tout, à peine de confiscation des bestiaux et de mille livres d'amende contre chacun des contrevenants; » lesquels devaient être emprisonnés sur-le-champ jusqu'au payement de la somme.

Quoique bien entendu, cet arrêt n'a sans doute pas dû être très-efficace, en raison du temps trop court pendant lequel il devait être exécutoire : soixante jours seulement. (Du 16 septembre au 15 novembre suivant)

En 1739, parut une *Ordonnance du Roi, concernant les précautions à prendre sur les frontières, à l'occasion des maladies contagieuses qui se sont répandues dans une partie de la Hongrie et des provinces voisines.*

Ordonnance du Roi, 1739.

Cette ordonnance interdit l'importation en France des bestiaux et des marchandises de quelque espèce que ce soit, venant des pays infectés ; mais, pour concilier les nécessités de la préservation avec les besoins du commerce entre la France et l'Allemagne et les pays qui en dépendent, l'ordonnance royale du 6 janvier 1739 admettait la possibilité de l'importation sous la garantie des certificats de santé.

Ce certificat était exigé aussi des voyageurs et des officiers qui avaient fait la dernière campagne en Hongrie.

Sous la date du 24 mars 1745, la cour du Parlement rendit un arrêt, très-remarquable par l'ensemble des mesures qu'il prescrit, pour prévenir la propa-

Arrêt de la Cour du parlement, 24 mars 1745.

gation d'une maladie qui est manifestement la *peste bovine*, car il est dit dans les considérants de cet arrêt « qu'elle n'était répandue que sur les bœufs, les vaches et les veaux et qu'elle se communiquait par le défaut de séparation des bestiaux sains d'avec les malades, et par la facilité qu'on avait de vendre, dans les foires et marchés, des bestiaux atteints de la maladie. » Il est aussi fait observer dans ces considérants, et c'est là une caractéristique différentielle importante, « qu'on a la consolation de voir que cette mortalité n'avait procuré aucune maladie dans le peuple d'aucune des provinces envahies. »

Les prescriptions de cet arrêt sont les suivantes :

Le *recensement* de toutes les étables dans les communes envahies ; les *visites*, deux fois par semaine, de ces étables « par des personnes à ce intelligentes ; »

La *déclaration* obligatoire, qui doit être faite incontinent, soit aux officiers du Roi, soit à ceux des sieurs hauts justiciers à qui la police appartient ; l'*isolement* des bêtes malades, le *cantonnement* dans les pâturages ;

L'*interdiction de l'exercice du droit de parcours ou d'usage* sur les territoires voisins, pour les communautés infectées ;

L'*interdiction de sortie* des bestiaux des bailliages et lieux infectés, pour être mis en vente dans d'autres villages et lieux ;

L'*obligation du certificat de provenance* pour la vente des bestiaux dans des localités non infectées ;

La *visite préalable* des bestiaux destinés à être vendus, avant que l'autorisation leur soit donnée d'entrer dans les champs de foire et sur les marchés ;

L'*obligation*, pour les acheteurs des bestiaux jugés sains, de les soumettre à une *quarantaine* de huit jours, avant de les mêler avec les leurs propres ;

L'*enfouissement* hors de l'enceinte des villes, bourgs et villages, des cadavres des bêtes infectées, dans des fosses de huit à dix pieds de profondeur, après division du cadavre en quatre quartiers ;

L'*obligation* de couvrir le cadavre de *chaux* vive avant de le recouvrir de la terre extraite de la fosse ;

La *réquisition* des moyens de transport des cadavres vers les lieux d'enfouissement ;

La *défense* de déterrer ;

La *défense* aux tanneurs d'acheter les peaux et de les vendre.

Les pénalités sont les suivantes :

Pour le défaut de déclaration, cent livres d'amende contre chaque contrevenant ; pour le manquement à la prescription du cantonnement, punitions corporelles et dommages-intérêts, dont la *communauté demeure responsable*.

Pour le manquement à la défense de l'exercice du droit de parcours et d'usage, dommages-intérêts infligés aux communautés contrevenantes, tous les habitants étant solidairement responsables.

Pour la contravention à la prescription des certificats d'origine, trois cents livres d'amende.

Même peine pour la mise en vente des bestiaux sur les champs de foire et sur les marchés, sans visite préalable.

Cent livres d'amende pour chaque contravention à la prescription de la quarantaine de huit jours pour les nouveaux animaux achetés.

Trois cents livres d'amende pour les contraventions relatives à l'enfouissement.

Cinquante livres pour le refus d'obtempérer aux réquisitions pour le transport des cadavres.

Trois cents livres d'amende pour le déterrement des cadavres et l'achat des peaux. Même, dans ce cas, punitions corporelles.

Exécution, par provision et nonobstant appel, des jugements rendus en conséquence de cet arrêt.

Comme celui de 1714, il encourage la dénonciation, en attribuant au dénonciateur un tiers des amendes; enfin, sous aucun prétexte il n'autorise les juges à les remettre ou à les modérer.

La question des pénalités mise à part, ce qui frappe dans cet arrêt de la cour du Parlement de 1745, le premier, à vrai dire, qui ait été rendu sur la police sanitaire intérieure, c'est la sûreté des notions scientifiques dont il est le reflet. Tout y est prévu pour surveiller la contagion dans les communes infectées, pour la confiner dans les étables envahies et dans les pâturages, et conséquemment pour prévenir son irradiation par les chemins, par les parcours, par la promiscuité des foires et marchés, et jusque par l'introduction au milieu de troupeaux exempts de maladie, dans les localités non encore envahies, d'animaux de nouvelle provenance, sur lesquels l'arrêt du Parlement fait sagement peser une suspicion, par cela seul que la peste est quelque part. Il y a, dans cette disposition, un sentiment scientifique bien complet de la subtilité de la contagion de cette maladie et des précautions qu'il faut multiplier pour lui fermer toutes les voies par lesquelles elle parvient si facilement à se répandre.

Sans doute que les pénalités-édictées par l'arrêt de 1745 sont excessives et ne nous paraissent plus en rapport avec la nature des contraventions qu'elles avaient pour but de réprimer. Mais cet excès dans les pénalités s'explique, d'une part, par l'esprit du temps; et, de l'autre, par les empêchements considérables que l'autorité devait rencontrer, faute d'un service sanitaire, dont les éléments lui manquaient, à faire exécuter les prescriptions si sages ordonnées par la Cour du Parlement.

De fait, à peine une année s'était-elle écoulée qu'un arrêt du Conseil était rendu le 19 juillet 1746, pour *indiquer les précautions à prendre contre la maladie épidémique sur les bestiaux.* Arrêt du Conseil du 19 juillet 1746.

Les motifs de cette nouvelle intervention du pouvoir législatif de l'époque se trouvent dans l'inexécution des mesures édictées par l'arrêt de l'année précédente.

Après un ralentissement dans sa marche, la maladie avait fait de nouveaux progrès parce que, dit le nouvel arrêt dans *l'exposé de ses motifs,* « les propriétaires de bestiaux, dans la crainte de voir périr chez eux ceux de leurs bestiaux dont l'état était suspect, se sont déterminés à les donner à des prix médiocres et les ont fait conduire, à cet effet, à des foires et marchés, dans des lieux où la maladie n'avait pas encore pénétré; parce que, aussi, ceux qui font le commerce des bestiaux, voulant, par une avidité condamnable, profiter de l'inquiétude desdits propriétaires, ont acheté leurs bestiaux à des prix extrêmement bas et les ont revendus de préférence à ceux qui venaient des cantons non suspects, en les donnant à des prix inférieurs, ce qui, dans l'un et l'autre cas, a porté la maladie dans les lieux où lesdits bestiaux ont été conduits; en sorte qu'elle pourrait s'étendre successivement dans les endroits qui jusqu'à présent ont été préservés, s'il n'y était pourvu par des dispositions capables de remédier à un abus si préjudiciable au bien public et à l'intérêt de chaque province en particulier. »

Voilà bien dévoilés, et signalés dans ce passage, les deux intérêts qui, dans tous les temps et dans tous les pays, se font les complices des contagions et précipitent leur marche.

Les dispositions nouvelles que l'arrêt de 1746 a ajoutées à celles qu'avait prescrites celui de 1745 sont:

1° La *marque* avec un fer chaud des bestiaux malades ou suspects.

2° La *séquestration*, dans des lieux clos, de ces animaux auxquels les pâturages et les abreuvoirs sont absolument interdits.

3° L'*infliction d'une amende* de cinquante livres aux syndics des paroisses pour défaut de déclaration, au subdélégué du département, de l'existence de la maladie dans leur paroisse, du nombre des bestiaux malades et soupçonnés, auxquels la marque aura été appliquée, du nom des propriétaires, etc.

4° L'*autorisation* à tous particuliers qui rencontreront des animaux *marqués*, de les conduire devant le plus prochain juge royal ou seigneurial, lequel doit *les faire tuer sur-le-champ* en sa présence.

5° L'*autorisation de vendre*, *pour la boucherie*, les bestiaux sains des localités infectées, à la charge qu'ils seront tués dans les vingt-quatre heures de la vente, sous peine, dans le cas de contravention, d'une amende de deux cents livres pour le propriétaire et le boucher solidairement responsables.

6° L'*obligation* pour les bouchers, acheteurs de bestiaux sains dans les localités infectées, *de prendre un certificat* des propriétaires de ces bestiaux, de le faire viser par l'autorité compétente, officier de police ou syndic de paroisse; de présenter ce certificat à l'autorité compétente, dans les lieux où les bestiaux seront conduits pour être abattus, et enfin de les abattre dans les vingt-quatre heures du jour de l'achat.

Dans le cas d'infraction à ces prescriptions par les bouchers, l'amende est de cinq cents livres; et « même, il peut être procédé extraordinairement contre eux pour, après l'instruction faite, être prononcé telle peine afflictive ou infamante qu'il appartiendra. »

7° L'*obligation* pour les bouchers qui achèteront dans des localités non infectées *de se munir de certificats* émanant des autorités, lesquels certificats, visés par les autorités des lieux où les bestiaux seront conduits, justifieront que ces bestiaux peuvent être conservés sans danger.

Confiscation et deux cents livres d'amende dans le cas de contravention.

8° *Même obligation imposée* aux propriétaires de bestiaux, *dans les pays non infectés*, pour qu'ils puissent les conduire aux foires et marchés.

9° *Amende de cent livres* aux syndics des paroisses; et, pour les officiers de police, *destitution* de leurs offices dans le cas où ils permettraient l'exposition des bestiaux sur les champs de foire et sur les marchés, sans s'être assurés de leur provenance et de leur état de santé.

10° *Amendes de mille livres contre les officiers de police des villes et les syndics de paroisse* qui donneraient des certificats contraires à la vérité; et même poursuites extraordinaires pouvant entraîner des peines afflictives et infamantes.

L'ensemble de ces dispositions a surtout pour but, comme on peut le voir, d'empêcher la circulation des bestiaux provenant des localités infectées, et d'exercer une étroite surveillance dans celles qui sont encore exemptes de la maladie, pour prévenir l'intrusion, sur leurs marchés et leurs champs de foire, d'animaux de provenance suspecte.

Parmi les prescriptions de cet arrêt, il faut particulièrement signaler les peines infligées aux syndics de paroisse et aux officiers de police pour manquement aux devoirs que l'arrêt leur impose.

On peut dire que cet arrêt a été sagement prévoyant en se mettant en garde contre ces manquements dont la conséquence forcée devait être de rendre ses prescriptions inefficaces. Ce que l'expérience avait enseigné, à cet égard, aux législateurs de 1746 a été démontré être toujours vrai dans les temps qui ont suivi; et pour ne parler que des nôtres, trop souvent, on doit le dire, pendant le cours de la peste bovine de 1870 et 1871, il s'est rencontré des maires de communes rurales qui sont restés au-dessous de leur tâche, les uns, dans un grand nombre de cas, faute de comprendre l'importance de la mission qu'ils avaient à remplir; d'autres, par faiblesse de caractère; quelques autres par mauvaise volonté.

Après l'arrêt de 1746, une période de vingt-cinq ans s'écoule pendant laquelle la police sanitaire des animaux ne donna lieu à aucune autre mesure qu'une ordonnance du Roi concernant la police du marché aux chevaux de Paris.

Ordonnance du Roi, concernant la police du marché aux chevaux de Paris. 7 juillet 1763.

L'article 9 de cette ordonnance contient, relativement à la morve, dont la nature contagieuse est affirmée, la prescription de l'abatage des animaux sur lesquels la morve a été constatée: « Veut sa Majesté, dit cet article, que les chevaux soupçonnés d'avoir la morve, soit dans le marché, soit chez les particuliers de quelque état et condition qu'ils soient, dans la ville, faubourgs et banlieue de Paris, soient visités par les maréchaux qui seront commis par le sieur lieutenant-général de police, et que, sur les rapports qui lui seront faits, la maladie se trouvant constatée, les chevaux malades soient conduits aux voiries, pour y être tués en présence de la personne qu'il aura nommée. »

Arrêt du Conseil
du 31 janvier 1771.

En 1771, une nouvelle invasion de la peste bovine en France motiva, de la part du Conseil, la promulgation d'un nouvel arrêt, en date du 31 janvier, dans les préliminaires duquel se trouvent signalées, comme causes de la propagation de cette maladie, d'une part, la négligence et même la mauvaise foi des propriétaires des bestiaux malades ou soupçonnés, et, de l'autre, l'imprudence et l'avidité des acheteurs. Empêcher toute espèce de communication, non-seulement entre les bestiaux sains et les malades, mais encore entre les villes et paroisses où la maladie s'est manifestée et les paroisses circonvoisines, voilà, d'après les préliminaires de l'arrêt de 1771, « le moyen le plus assuré, reconnu par l'expérience de tous les temps, pour arrêter les progrès d'un mal si nuisible à la culture et si préjudiciable aux habitants de la campagne. »

Pour réaliser ce résultat, l'arrêt de 1771 ajoute plusieurs dispositions nouvelles à celui de 1746.

Par son article 2, il donne une prime d'encouragement à la *déclaration hâtive*, par les propriétaires, de la mort des bestiaux déjà séquestrés comme malades : « En cas que l'une desdites bêtes vienne à périr de ladite maladie, dit l'article 2, le propriétaire qui aura fait ladite déclaration le premier dans la ville ou la paroisse sera payé de la valeur de ladite bête..... »

Mais une prime est donnée aussi à la dénonciation. Quand la déclaration de la mort est faite par un autre, le dénonciateur a droit à la moitié de l'amende de cent livres à laquelle le propriétaire est condamné.

La *confiscation* et l'*amende de vingt livres par tête de bétail* sont les peines infligées pour le manquement à la prescription de renfermer les bêtes à cornes, dans toutes les villes ou paroisses où la maladie se sera manifestée, et dans lesquelles cette prescription aura été faite officiellement.

Les bêtes malades, trouvées en dehors des lieux où elles doivent être tenues renfermées, sont abattues d'office et cette contravention entraîne une amende de vingt livres par tête de bétail.

Après la visite des étables et la *marque des animaux sains et malades* d'une manière distinctive (la lettre S pour les premiers, et, pour les autres, la lettre M suivie de la lettre initiale du nom de la localité), l'arrêt de 1771 prescrit, par son article 6, la mesure toute nouvelle et excellente de faire *attacher d'office à la porte principale des maisons* où il y a des bêtes malades, et aux principales avenues de la ville ou du village, des *signaux* suffisants pour faire connaître que la maladie y règne. Cent livres d'amende pour ceux qui enlèveraient ces signaux avant que l'autorité en ait décidé.

Les autorités sont tenues de faire *publier et afficher,* dans tous les lieux voisins, que la communication est interdite avec le lieu où la maladie est signalée, et elles doivent faire boucher les avenues et chemins détournés par lesquels on peut y entrer.

L'apposition des affiches et des signaux entraine la défense absolue de faire entrer dans le territoire des villes ou paroisses mises en interdiction, ni d'en laisser sortir aucune bête à cornes, sous peine de confiscation, même d'abatage des bestiaux saisis, et de cent livres d'amende pour les propriétaires ou conducteurs.

L'autorisation de sortie des étables pour les bêtes malades ou soupçonnées telles ne peut être donnée qu'après parfaite guérison; et toute bête autorisée à sortir doit être *marquée de la lettre G* en présence des autorités.

L'entrée des maisons, cours et étables où des bêtes malades sont gardées est *interdite* aux bêtes à cornes, aux chevaux, aux cochons, aux moutons et même aux chiens.

La *désinfection* des voitures et harnais qui auront servi au transport des cadavres est prescrite sous peine, dans le cas de contravention, de cinquante livres d'amende.

Les étables doivent aussi être *désinfectées*. Les fumiers doivent être *enfouis* avec les cadavres.

Enfin, défense est faite aux habitants des localités où règne la maladie de vendre leurs bestiaux, et à ceux des autres localités de les leur acheter, à peine de confiscation et de cent livres d'amende, même de plus grandes peines, s'il y échet, tant contre le vendeur que contre l'acheteur, et ce par chaque tête de bétail vendue ou achetée en contravention de la présente disposition.

On voit, par ce résumé de l'arrêt de 1771, avec quel soin avaient été étudiées et édictées toutes les mesures destinées à prévenir et à empêcher la communication entre les bêtes malades et les bêtes saines. Immobilisation des bêtes à cornes dans les lieux infectés; séquestration étroite des malades; signalement et interdiction des lieux infectés; défense de circulation sur les voies qui y aboutissent; marque des animaux; défense de toutes transactions ayant pour objet les bêtes à cornes; amendes sévères et même pénalités plus fortes pour les contrevenants, etc., il semble que rien n'ait été oublié des précautions que réclamaient les circonstances! Et, cependant, tout cet ensemble de mesures, si bien ordonné qu'il paraisse, ne pouvait être efficace, car il ne suffit pas d'isoler les foyers de contagion, il faut aussi et surtout les éteindre, et aucune des prescriptions de l'arrêt de 1771 ne tendait à ce résultat, tout au moins d'une manière immédiate et complète. Pour y atteindre, il n'y a qu'un seul moyen, sans lequel tous les autres demeurent fatalement impuissants, c'est l'abatage systématique de tous les animaux malades et de tous ceux qui sont destinés à le devenir, presque inévitablement, par suite de leurs rapports de cohabitation avec les premiers. Sur ce point, l'accord est unanime aujourd'hui entre les hommes compétents de tous les pays.

En 1771, le moment était proche où les conseillers du Roi, éclairés par l'expérience des pays voisins, allaient introduire cette mesure énergique dans le système sanitaire de la France. De fait, ils en firent un premier essai dans l'arrêt

Arrêt
du Conseil
du
18 décembre 1774

qu'ils rendirent le 18 décembre 1774, *contenant des dispositions pour arrêter les progrès de la maladie épizootique sur les bestiaux dans les provinces méridionales du royaume.*

Ce titre indique, à lui seul, que l'arrêt de 1771 était resté sans effet, malgré les précautions si minutieuses qu'il avait édictées pour prévenir la propagation de la maladie par les communications des bestiaux malades avec ceux qui étaient encore sains. En dépit de ces mesures, lorsque l'arrêt de 1774 fut rendu, la peste bovine ravageait depuis huit mois les généralités de Bayonne, d'Auch et de Bordeaux, « se répandant de plus en plus par la communication des bestiaux, est-il dit dans les préliminaires de l'arrêt, n'en épargnant qu'un petit nombre dans les villages où elle avait pénétré, et rebelle à tous les remèdes à l'aide desquels les élèves des écoles vétérinaires, envoyés d'office dans les provinces envahies, avaient essayé de la combattre. »

Ce qui caractérise cet arrêt de 1774, c'est l'introduction de deux mesures nouvelles dans le système sanitaire qui jusqu'alors avait été mis en vigueur en France. Ces deux mesures sont, d'une part, *l'abatage obligatoire,* dont il a été question tout à l'heure, et de l'autre, son complément nécessaire, *l'indemnité,* sans laquelle l'application de l'abatage rencontre des résistances qu'il est bien difficile de surmonter.

Le Conseil s'était inspiré, pour édicter ces deux mesures, de la démonstration qui venait d'être donnée de leur efficacité dans les pays voisins. On lit, en effet, dans le préambule de son arrêt : « Que dans les États étrangers limitrophes, qui ont été affectés de la même maladie pendant les années précédentes, on n'est parvenu à conserver la plus grande partie du bétail qu'en sacrifiant un petit nombre d'animaux malades dès qu'ils ont eu les premiers symptômes de cette maladie; que ce parti, tout rigoureux qu'il est, est cependant le seul qui reste à prendre pour prévenir les progrès d'une contagion ruineuse pour les propriétaires de bestiaux et destructive de l'agriculture dans les provinces exposées à ses ravages. »

C'est sur le rapport de Turgot, conseiller ordinaire au Conseil royal et Contrôleur général des finances, que ces mesures furent adoptées. Mais sans doute que le Contrôleur des finances restreignit, dans Turgot, le zèle de l'administrateur sanitaire, car l'article 3 de l'arrêt nouveau n'autorise l'abatage dans les villes, bourgs et villages que *jusqu'à concurrence des dix premières bêtes seulement.* Cette limitation si étroite était inspirée évidemment par la clause de l'article 4 qui autorise les intendants et commissaires départis dans les provinces « à faire payer à chaque propriétaire le tiers de la valeur qu'auraient eue les propriétaires des animaux qui auront été sacrifiés, s'ils eussent été sains. »

Arrêt
du Conseil
du
30 janvier 1775.

Mais cette restriction devait avoir pour conséquence inévitable de frapper l'arrêt d'impuissance et de rendre absolument inutiles les sacrifices de l'indemnisation dans la mesure par trop étroite où l'abatage était autorisé. A quoi pouvait servir le sacrifice de dix bêtes, si l'on en laissait vivre une onzième qui conservait le germe de l'infection pour toute une province ? C'est ce que l'expérience, et une expérience très-courte, ne tarda pas à démontrer, car six semaines ne s'étaient pas écoulées qu'un nouvel arrêt du Conseil était rendu, le 30 janvier 1775.

Le Roi, par cet arrêt nouveau, « interprétant le précédent et étendant ses dispositions en tant que de besoin, ordonnait que *tous* les animaux qui seront reconnus malades de cette maladie seront tués sur-le-champ et enterrés..., aussitôt qu'on aura bien constaté les signes de l'épizootie. »

Comme l'arrêt précédent, celui de 1775 prescrivait « qu'il fût tenu compte au propriétaire du tiers de la valeur que les animaux auraient eue s'ils avaient été sains. »

Défense était faite d'utiliser les cuirs, qui devaient être tailladés sur le cadavre, et défense aussi « de conserver aucuns cuirs provenant d'animaux suspects de ladite maladie, de les préparer, transporter, vendre ou acheter, ainsi que les fumiers, râteliers et autres choses à l'usage desdits animaux et reconnus capables de porter la contagion, sous peine de 500 livres d'amende contre chacun des contrevenants. »

Arrêt
du Conseil
du
1er novembre 1775

Malgré la clause de l'indemnité, l'arrêt de janvier 1775, ordonnant l'abatage de tous les malades et la destruction de tous les cuirs, même ceux qui ne provenaient que des suspects, dut rencontrer des résistances que les autorités régulières se trouvèrent impuissantes à surmonter, car, le 1er novembre 1775, le Conseil se décida à rendre un nouvel arrêt, que l'on peut considérer comme une véritable *loi martiale*.

L'exposé de cet arrêt constate « les ravages que la maladie épizootique continue de faire dans les provinces méridionales et les progrès qu'elle a continué de faire par la négligence des propriétaires de bestiaux à se conformer aux précautions ordonnées. » D'où la nécessité de « prendre de nouvelles mesures pour prévenir les suites funestes de cette négligence et préserver ces provinces et tout le royaume des malheurs que cette contagion peut y occasionner. » L'exposé ajoute que, « les circonstances présentes étant hors de l'ordre commun, le Roi pensait qu'il devait, tant que ces circonstances subsisteront, confier exclusivement l'exécution des mesures à prendre aux commandants et officiers de ses troupes et aux intendants et commissaires départis dans ses provinces. » L'action des cours de parlement et celle des juges ordinaires se trouva ainsi suspendue, et ce furent « les commandants en chef, chargés des ordres du Roi pour l'extinction de l'épizootie, et les intendants et les commissaires départis dans les provinces, ou ceux qui en étaient chargés par eux, qui donnèrent seuls les ordres relatifs à cette extinction. »

Aux termes de cet arrêt, l'amende pour le défaut de déclaration est élevée à cinq cents livres.

« Les troupes sont chargées de faire des visites et perquisitions dans les étables, écuries, granges et autres bâtiments, à l'effet de découvrir les contraventions. »

Tous les animaux malades doivent être assommés et enterrés.

Défense absolue de les traiter, malgré l'autorisation accordée à cet égard par l'arrêt du Parlement de Toulouse du 2 septembre 1775.

L'indemnité du tiers est accordée dans le cas seulement où la déclaration aura été faite par le propriétaire dans le délai prescrit. « Dans le cas où cette dénonciation n'aurait pas été faite, lesdits propriétaires, outre l'amende à laquelle ils seront condamnés, seront privés de cette indemnité. »

Dans le cas de refus d'exécuter ou de laisser exécuter les ordres du Roi notifiés par les officiers ou par les soldats, l'amende était de cinq cents livres. La rébellion entraînait la poursuite extraordinaire, selon la rigueur des ordonnances.

Tout déplacement d'un animal d'un lieu dans un autre, et tout transport des peaux ou des cuirs ou matières quelconques capables de répandre la contagion, ne pouvaient se faire sans permission des officiers commandants, sous peine de 500 livres d'amende.

Enfin, dans son dernier article, cet arrêt de 1775 « attribue toute cour et juridiction en dernier ressort aux intendants et commissaires départis pour prononcer les amendes qui seront encourues, même pour procéder extraordinairement contre ceux qui auront fait rébellion. »

On le voit, c'est bien là une loi martiale, dont Turgot fut le rapporteur, comme il l'avait été des deux précédents arrêts, restés impuissants devant les résistances que, dans un intérêt mal compris, les propriétaires opposaient à son application. Ils ne voyaient que la perte actuelle que leur causait l'assommement de leurs bestiaux, sans se rendre compte de la ruine complète qu'on leur évitait, en circonscrivant, comme dans un incendie, la part que fatalement il fallait faire au fléau.

Dans les circonstances *hors de l'ordre commun* qui résultaient de l'impuissance des autorités régulières à faire exécuter rigoureusement les mesures sanitaires édictées, et à leur faire produire leur plein effet, Turgot n'hésita pas à recourir à l'intervention de la force armée, qui seule semblait capable de venir à bout de toutes les résistances et de sauver, malgré elles, les populations de la ruine dont elles étaient menacées.

Ordonnances de l'intendant des généralités d'Auch et de Bordeaux, 10 et 15 janvier 1776.

Cependant, il faut bien le dire, cette loi si rigoureuse souleva tellement contre elle le sentiment des populations, et donna lieu, dans l'application, à de telles difficultés, que force fut bien, pour la faire accepter, de payer aux propriétaires la totalité de la valeur des bêtes saines que l'on était obligé d'abattre en raison de la contamination qu'elles avaient subie. C'est à cette condition, réglée par les ordonnances rendues sur l'ordre du Roi, les 10 et 15 janvier 1776, par l'intendant des généralités de Bordeaux et Auch, qu'il devint possible de faire exécuter, dans ces généralités, l'arrêt du Conseil de l'année précédente, ainsi qu'un système spécial de dépeuplement des étables que l'on avait organisé autour des grands foyers d'infection, pour faire un vide qui, en ôtant toute prise à la contagion, devait mettre obstacle à son extension.

Dans ce système désespéré, dont les bases sont établies par une ordonnance du 15 janvier 1776, édictée par l'Intendant des généralités de Bordeaux et d'Auch, on procédait, dans les communes désignées pour le dépeuplement, à l'abatage des animaux malades et des animaux contaminés, l'indemnité du tiers étant accordée pour les premiers et celle de la totalité pour les seconds; puis on faisait refluer les bestiaux reconnus sains dans l'intérieur du pays infecté, après les avoir marqués avec un fer chaud, sur l'épaule droite, de la première lettre du nom de la commune et d'un numéro.

« La moitié de la valeur de ces bestiaux émigrés était payée aux propriétaires, après estimation; et l'autre moitié était garantie par l'État, pour être payée si dans le cours d'une année, à compter du jour de la migration, les bestiaux venaient à périr de la contagion. »

On voit, par ce qui précède, que l'ordonnance du 15 janvier 1776, complémentaire et extensive de l'arrêt du Conseil de l'année précédente, a introduit dans notre système sanitaire une mesure dont il n'avait pas été question dans les réglements antérieurs : celle du *dépeuplement*, pour faire le vide autour des foyers de contagion, comme on le fait autour des foyers d'incendie.

Le mode d'exécution de cette mesure a été en 1776 ce qu'il pouvait être avec l'état de viabilité du pays, et les habitudes comme les ressources économiques des populations. Ne pouvant diriger, et dans un temps assez court, vers de grands centres de consommation, les bestiaux encore sains des localités dont on voulait évacuer les étables et les pâturages, on se décida à les faire refluer vers les pays infectés, où leur introduction ne pouvait plus avoir de suites dangereuses, quand bien même la maladie viendrait à les y frapper, puisque ces pays étaient déjà dépeuplés par le passage du fléau. D'autre part, on avait eu la précaution d'y organiser des ateliers de salaison, qui pouvaient permettre de tirer parti des animaux qu'on serait dans l'obligation d'abattre encore.

Cette mesure extrême du dépeuplement n'est plus de celles, sans doute, dont la nécessité doive jamais s'imposer à l'avenir, grâce aux moyens dont nous disposons pour empêcher l'épidémie des steppes de prendre encore dans nos pays les grandes proportions qu'elle pouvait acquérir autrefois. Mais le principe dont cette mesure procède peut encore trouver de très-utiles applications, lorsque la peste bovine rencontre les conditions de ses plus grands développements dans la densité de la population animale.

En pareil cas, il est indiqué de hâter le dépeuplement de la région envahie, en expédiant le plus possible, vers les centres de consommation, des convois d'animaux dont on peut ainsi réaliser la valeur par une vente immédiate pour la boucherie. La rapidité actuelle des moyens de transport rend possible et profitable pour tous ce mode de dépeuplement, qui diminue proportionnellement les chances de ravages de la peste, sauvegarde les intérêts des propriétaires et évite au trésor public de lourds sacrifices.

En 1778, la Cour du Parlement de Paris rendit un arrêt relatif, non plus à l'épidémie du gros bétail, la peste bovine, mais à une autre maladie, très-contagieuse aussi, le *claveau*, comme on l'appelait alors, ou, autrement dit, la clavelée du mouton, qui sévissait dans un certain nombre de paroisses du ressort de la Cour. Cet arrêt, inspiré par une requête très-savamment motivée du procureur général du roi, édicte des mesures généralement bien conçues pour arrêter l'extension de la maladie.

Il ordonne le *dénombrement* et la *visite* des troupeaux dans les localités où le claveau a été signalé.

Les propriétaires sont tenus, sous peine de 100 livres d'amende, de faire la *déclaration* de l'existence de la maladie sur leurs moutons.

L'*isolement* des malades est ordonné. Des mesures sont prescrites pour le *cantonnement* des malades dans les pâturages, et les infractions à ces mesures punies par des peines corporelles et des dommages-intérêts dont « la communauté est rendue responsable. »

Le *déplacement* et la vente des animaux malades sont interdits.

Le conducteur de moutons destinés à être vendus doit être muni d'un *certificat*, émanant des officiers des lieux de provenance de ces animaux et attestant que le claveau n'y existe pas, et qu'il n'existe pas dans les localités à trois lieues à la ronde. Chaque contravention à cette prescription est punie de 300 livres d'amende.

Visite par des personnes « à ce intelligentes » des moutons conduits sur les *foires* et *marchés*.

Prescription expresse à ceux qui feront des achats de moutons de ne les mêler avec les moutons qu'ils possèdent déjà, qu'après les avoir tenus *séparés pendant huit jours au moins*, sous peine de 100 livres d'amende.

Enfouissement des cadavres, avec leurs peaux, dans des fosses de six pieds de profondeur.

Défense de faire ces enfouissements dans les enceintes des villes, et particulièrement dans les écuries, les cours, les jardins; défense aussi de jeter les cadavres dans les rivières, ou de les envoyer aux voiries, le tout sous peine de 300 livres d'amende.

Même peine contre ceux qui déterrent les cadavres, contre les tanneurs qui achètent les peaux; et même, dans ce cas, poursuites extraordinaires.

Enfin, exécution des jugements par provision, nonobstant toutes oppositions, appellations et empêchements quelconques.

Telles sont les dispositions de l'arrêt de la Cour du Parlement du 23 décembre 1778.

En 1780, deux arrêts ont été rendus par le Conseil du Roi, l'un à la date du 7 avril, et l'autre du 11 mai, ayant tous deux pour objet de prévenir l'importation de la peste bovine, aux frontières de terre et de mer, par l'intermédiaire des cuirs et débris d'animaux de l'espèce bovine, provenant des pays où l'existence de cette maladie avait été signalée.

L'arrêt du 7 avril limitait les prohibitions aux provenances de la mer Baltique et de la Hollande; mais la peste des bestiaux s'étant déclarée « au Cap d'Istrie et dans quelques provinces autrichiennes de la même contrée, » la prohibition fut étendue, par l'arrêt du 11 mai, « aux cuirs verts, secs ou préparés, aux bourres, cornes, et généralement tout ce qui peut appartenir aux bêtes à cornes. » Les provenances de l'Amérique espagnole, par Cadix, étaient seules exceptées.

Les contrevenants à cette disposition encouraient la peine de 10,000 livres d'amende.

« A l'égard des laines et autres marchandises spongieuses, susceptibles de prendre des impressions contagieuses, qui auraient été transportées avec quelques-uns des objets prohibés, » l'arrêt du 11 mai prescrivait une mise en quarantaine et des mesures de désinfection qu'il indique. Toute infraction sur ces derniers points entraînait une amende de 3,000 livres.

L'arrêt du Conseil d'État du Roi du 16 juillet 1784 a élargi le cercle dans lequel les législateurs sanitaires s'étaient presque toujours enfermés pour édicter leurs règlements. A l'exception de l'arrêt de 1714, qui paraît avoir eu principalement en vue l'hygiène publique générale, en ordonnant l'enfouissement de tous les cadavres d'animaux que l'incurie des habitants abandonnait dans les champs et sur les chemins, où ils se putréfiaient à l'air libre, et de celui de 1778 sur le claveau, les autres actes législatifs sur la police sanitaire des animaux domestiques n'ont visé qu'une seule maladie : celle qui, revêtant une forme épizootique, en raison de l'intensité de son action contagieuse, s'attaquait au gros bétail et en opérait la destruction dans une telle mesure qu'elle dépeuplait, presque à la lettre, de leur population bovine les provinces où elle sévissait.

Cette maladie, à laquelle les arrêts du Conseil ne donnent jamais un nom propre, cette *épidémie du gros bétail*, cette *maladie épizootique des bestiaux*, comme ils la désignent, il est facile de la reconnaître à ses coups : c'est la terrible peste bovine de l'Europe orientale que les guerres du xviiie siècle ont fait sortir trop souvent de ses steppes, avec les troupeaux rassemblés pour les approvisionnements des armées belligérantes.

C'est cette peste des bestiaux que les arrêts du Conseil royal ont eue exclusivement en vue depuis 1714 jusqu'à 1775. Mais l'arrêt de 1784 est plus compréhensif que ceux qui l'ont précédé. Comme l'indique son en-tête, il a été rendu *pour prévenir les dangers des maladies des animaux et particulièrement de la morve*. Si l'extension considérable qu'avait prise cette dernière maladie paraît avoir été le motif principal de ce nouvel arrêt, comme cela ressort de ses considérants, il est certain que le Conseil se proposa pour but de réglementer, à cette occasion, toutes les maladies contagieuses, car il exprime très-nettement cette pensée dans l'article 1er de son arrêt où il rend obligatoire la décla-

des
7 avril et 11 mai
1780,
ordonnant
des prohibitions
à l'importation.

Arrêt
du Conseil
du
16 juillet 1784.

ration pour la morve et *toute autre maladie contagieuse, telle,* ajoute le texte, *que le charbon, la gale, la clavelée, le farcin et la rage.* Si la conjonction terminale de cette énumération semble lui donner un sens restrictif, ce n'est là qu'une apparence, car la formule générale : *toute autre maladie contagieuse* implique que, dans l'esprit des conseillers royaux rédacteurs de cet article, la nouvelle réglementation devait être appliquée sans distinction à toutes les contagions animales et dans toutes les espèces.

L'arrêt du Conseil de 1784 peut donc être considéré comme une *loi générale sur la police sanitaire des animaux domestiques.* C'est là un caractère principal par lequel cet arrêt se distingue de tous ceux qui ont été rendus avant lui.

Déclaration obligatoire, sous peine de cinq cents livres d'amende pour les propriétaires d'animaux atteints ou soupçonnés d'être atteints de maladies contagieuses.

Indication des conditions dans lesquelles les experts doivent être choisis de préférence par les autorités compétentes.

Droit donné aux experts de pénétrer dans les maisons, sous l'autorisation du juge du lieu et avec l'accompagnement d'un officier municipal ou du syndic de la paroisse.

Défense de traiter aucun animal attaqué de *la maladie contagieuse et pestilentielle,* sans en avoir fait la déclaration aux officiers municipaux ou syndics.

Cette défense s'adresse nominativement aux maréchaux et aux bergers, et, d'une manière générale, à *tous autres,* ce qui a fait englober les vétérinaires dans cette obligation.

Marque des animaux *suspects* sur le front, avec un cachet de cire verte.

Abatage sans délai des animaux dont la maladie contagieuse *aura été reconnue incurable par les experts,* et obligation pour ceux-ci de dresser un procès-verbal d'autopsie devant un officier municipal ou le syndic.

Obligation de creuser des fosses d'enfouissement à 100 toises de toute habitation (194 mètres).

Désinfection des logements habités par les malades et des harnais qui ont servi à leur usage.

Défense de vendre ou exposer en vente des animaux malades ou suspects de maladies contagieuses, sous peine de cinq cents francs d'amende.

Obligation aux logeurs d'animaux de faire la déclaration de la présence, chez eux, d'animaux malades ou suspects de maladies contagieuses.

Commissions privilégiées pour exercer l'industrie de l'équarrissage.

Défense aux équarrisseurs de vendre des viandes provenant d'animaux abattus pour cause de maladies, sous peine de déchéance de leur commission, d'amende et de telle autre punition qu'il appartiendra.

Encouragement donné à la dénonciation par le tiers de l'amende et, « en outre, par une récompense proportionnée au mérite de la dénonciation. »

Obligation pour les maires, les échevins et les syndics d'informer les autorités dont ils dépendent, de l'existence des maladies contagieuses dans leur circonscription « à peine d'être rendus responsables de tous les dommages qui pourraient résulter de leur négligence. »

Telles sont les dispositions principales de l'arrêt du 16 juillet 1784.

Considéré au point de vue de la répression de la plus redoutable des contagions, celle de la peste bovine, l'arrêt de 1784 est loin de réaliser un progrès ; car, en s'abstenant de prescrire la mesure de l'abatage obligatoire de tous les animaux malades ; en n'ordonnant l'abatage que de ceux qui sont reconnus incurables par les experts; en laissant la latitude de les traiter, sous la seule condition de la déclaration ; enfin en s'abstenant d'accorder une indemnité pour les animaux dont l'abatage est ordonné d'office, il a désarmé l'autorité des pouvoirs énergiques dont l'arrêt de 1775 l'avait investie et qui, l'expérience en a toujours témoigné depuis, sont absolument nécessaires pour le succès de la lutte contre la terrible épizootie.

L'arrêt du Directoire exécutif du 27 messidor an v, *qui ordonne l'exécution des mesures destinées à prévenir la contagion des maladies épizootiques*, n'a pas été mieux inspiré, à ce point de vue, que celui de 1784, car s'il invoque et remet en vigueur toutes les mesures édictées par les règlements antérieurs pour empêcher la diffusion de la contagion par les mouvements des bestiaux et les communications entre les animaux malades et ceux qui sont en santé, comme il s'abstient d'ordonner l'abatage, pour éviter sans doute l'indemnité qu'il implique, il se trouve ainsi défaillant par un côté essentiel.

Arrêt
du
Directoire exécutif
du
27 messidor
an v.

Sous la Restauration, le Gouvernement revint aux vrais principes dans l'*ordonnance du Roi concernant l'épizootie*, du 27 janvier 1815. Cette épizootie, c'était une fois encore la peste des steppes que les armées envahissantes avaient traînée à leur suite avec leurs troupeaux d'approvisionnement. L'ordonnance royale prescrivait l'abatage immédiat, aux termes des règlements sanitaires établis par les arrêts du Conseil de 1774 et 1775, et reconnaissait le droit des propriétaires de bestiaux à des indemnités, d'après les bases déterminées par ces arrêts.

Ordonnance
du Roi
du
27 janvier 1815.

Les articles 6 et 7 de cette ordonnance prescrivaient « aux ministres de l'intérieur et des finances de se concerter pour soumettre au Roi un projet de loi sur les moyens de pourvoir à ces indemnités » et « pour proposer ultérieurement les mesures propres à assurer en tout temps des ressources suffisantes pour indemniser les propriétaires de bestiaux des pertes qu'ils éprouveraient, soit par l'effet direct des épizooties contagieuses, soit par l'exécution des dispositions prescrites pour en arrêter les progrès. »

Ces intentions de l'ordonnance de 1815 ne furent pas réalisées, à cause, sans doute, des lourdes charges qui pesaient, à cette époque, sur le budget de l'État; et, une fois la peste disparue, la crainte qu'elle inspirait disparaissant avec elle, on cessa de se préoccuper des moyens de parer à ses désastres.

Après 1815, une longue période de cinquante années s'écoule, pendant laquelle la police sanitaire des animaux domestiques ne fut l'objet d'aucun règle-

Loi
des
16-24 août 1791.

et
Code pénal.

ment général nouveau. Dans toutes les questions relatives aux maladies contagieuses des animaux, les administrations et les tribunaux s'inspirèrent, les unes pour prendre leurs décisions, les autres pour rendre leurs jugements, des règles établies par les anciens arrêts du Conseil, que le Code pénal n'a pas abrogés; des prescriptions générales de ce code, formulées dans les articles 459, 460, 461 et 462, de celles de la loi des 16-24 août 1790, « qui confie à la vigilance et à l'autorité des corps municipaux le soin de prévenir, par des précautions convenables, et celui de faire cesser, par la distribution des secours nécessaires, les accidents et fléaux calamiteux, tels que les incendies, les épidémies, les *épizooties,* en provoquant aussi, dans ces deux derniers cas, l'autorité des administrations de département et de district; « et enfin des dispositions des lois des 12-22 juillet 1791 et des 28 septembre-6 octobre de la même année, relatives, la première, à la divagation des animaux dangereux et, l'autre, aux mesures à prendre en cas *d'épizooties,* notamment pour régler le parcours et les conditions du pâturage des animaux malades. »

Décret et arrêté
du
5 septembre 1865.

En 1865 survint un événement d'une importance et d'une gravité extrêmes, qui détermina le Gouvernement français à prendre d'urgence les mesures les plus énergiques pour défendre le territoire contre une invasion menaçante de la peste bovine. Cette maladie venait d'être importée en Angleterre par une cargaison de bestiaux partis d'un des ports de la Baltique; de là, elle avait été introduite en Hollande par un troupeau d'une douzaine de bœufs achetés sur le marché d'Islington, à Londres; enfin, la Belgique commençait à être envahie du côté de la Hollande. Le péril était d'autant plus menaçant que sa grandeur avait été méconnue par les gouvernements de Hollande et d'Angleterre, qui s'étaient abstenus systématiquement de prendre aucune mesure pour circonscrire le mal dans ses foyers primitifs, et empêcher son irradiation par les déplacements que les transactions commerciales imprimaient incessamment aux bestiaux, d'un bout du pays à l'autre. Dans ces conditions, et pendant les quelques mois que la peste bovine eut libre carrière, elle prit un tel développement, au milieu de la population animale si condensée de ces deux pays, que les animaux frappés se comptèrent de jour en jour par milliers.

Éclairé tout à la fois par l'histoire du passé et par le spectacle des désastres que subissaient déjà les deux pays atteints, faute de vouloir se défendre, le Gouvernement français suivit une marche tout opposée. Un décret rendu le 5 septembre 1865 donna au Ministre de l'agriculture et du commerce tous pouvoirs nécessaires « pour interdire l'importation en France des animaux domestiques dont l'entrée présenterait des dangers au point de vue du *typhus contagieux,* ou pour la subordonner à telles mesures qui pourraient être nécessaires pour prévenir l'invasion de la maladie. »

Le même jour, le Ministre prenait un arrêté qui traçait l'étendue des frontières par lesquelles étaient interdits l'introduction en France et le transit des animaux de l'espèce bovine, ainsi que des cuirs frais et autres débris frais de ces animaux.

Ce même arrêté déterminait celles des frontières qui restaient ouvertes et les conditions auxquelles serait subordonnée l'importation des animaux de l'espèce bovine, de provenance autre que l'Angleterre, la Hollande et la Belgique. Pour ceux-ci, l'interdiction restait absolue.

Les frontières une fois défendues, le Gouvernement voulut être armé des pouvoirs nécessaires pour étouffer, partout et sans délai, les foyers de peste bovine qu'on devait craindre de voir éclater dans l'intérieur du pays, malgré les précautions minutieuses prises aux frontières pour empêcher cette maladie d'y pénétrer. Il fallait, pour qu'il pût exercer, sans de trop grands obstacles, son action vigilante et immédiatement répressive, que le droit d'abatage, rajeuni, pour ainsi dire, entre ses mains par le pouvoir législatif, lui fût conféré plus largement que ne le faisaient les anciens arrêts du Conseil, et qu'en même temps aussi fût augmentée l'indemnité accordée aux propriétaires des bestiaux abattus pour cause d'utilité publique.

Sans doute, ainsi que cela résulte de l'exposé des faits antérieurs, les arrêts du Conseil de 1774 et de 1775, auxquels le Code pénal reconnaît force de loi, avaient établi le droit, pour l'autorité publique, de faire abattre les animaux *malades,* moyennant une indemnité montant au tiers de la valeur qu'ils avaient avant qu'ils fussent atteints par la maladie. Mais ce droit était trop limité pour que son application fût suffisamment efficace. Ce n'est pas seulement, en effet, les animaux *malades* qu'il est nécessaire d'abattre, c'est encore ceux qui sont contaminés et voués fatalement, par ce fait, à la maladie et dans un très-court délai. Or, sur ce dernier point, les arrêts de 1774 et de 1775 sont muets complétement; ils n'autorisent à tuer que les malades, et ce ne peut être qu'en vertu de son omnipotence que, par l'ordonnance qu'il fit rendre en 1776 par l'Intendant des généralités de Bordeaux et d'Auch, le Roi a pu en élargir l'application jusqu'au point de faire abattre les animaux qui n'étaient encore que contaminés, en payant la totalité de leur valeur.

Cette nécessité, où s'est trouvé le pouvoir d'alors, tout absolu qu'il fût et énergique dans ses moyens, d'accorder aux propriétaires une indemnité si différente, à leur avantage, de celle que les arrêts avaient fixée, démontre évidemment que celle-ci n'était pas suffisante pour amener les propriétaires à accommodement et obtenir d'eux leur résignation à la mesure si rigoureuse de l'abatage de leurs animaux encore en santé.

Une nouvelle loi était donc indispensable en 1866 pour réglementer cette importante question de l'abatage et de l'indemnité, et établir, d'une manière bien nette et bien déterminée, les droits respectifs de l'autorité publique et des propriétaires. Cette loi fut adoptée le 11 juin et promulguée le 3o. Elle fixe, dans son article unique, « aux trois quarts de la valeur, les indemnités allouées pour tous les animaux dont l'autorité publique aura ordonné ou ordonnera l'abatage, par suite du typhus contagieux des bêtes à cornes. »

Ce texte, comme on le voit, est très-sagement compréhensif. La loi ne distingue pas entre les animaux malades et les contaminés. Du moment que l'aba-

tage est ordonné, *par suite du typhus contagieux des bêtes à cornes*, le droit à l'indemnité est acquis; et la teneur si large de ce texte permet d'admettre que ce
droit reste acquis, quand bien même les animaux *abattus par suite du typhus contagieux des bêtes à cornes* appartiennent à l'espèce ovine.

L'indemnité accrue, dans la mesure fixée par la loi de 1866, a été la condition pour que cette loi fût acceptée par l'opinion publique et que, conséquemment, son application se trouvât facilitée. En pareille matière, l'expérience de
1776 l'a bien prouvé, le secret de la réussite des mesures législatives qui
semblent froisser les intérêts privés, est bien plus d'obtenir l'assentiment des populations que de les violenter.

Grâce à l'ensemble des mesures si prévoyantes et si rigoureusement observées
qu'avait prises son Gouvernement, la France resta presque complétement exempte
de la peste qui fit de si grands ravages sur les bestiaux de l'Angleterre et de la
Hollande en 1865-1866. Aussi les occasions d'appliquer les mesures édictées par
la loi du 30 juin furent réduites, à cette époque, à un chiffre si minime qu'on
peut le considérer comme insignifiant.

Décret
du 30 septembre
1871
sur la peste bovine.

Mais il n'en fut plus de même, malheureusement, en 1870-1871. Avec les
armées envahissantes, la peste des bestiaux fit aussi son invasion, et vint ajouter
ses ruines à toutes celles que la guerre accumulait sur notre pays.

Cette nouvelle invasion de la peste des bestiaux, semblable à celle de 1815,
et produite par une cause identique, donna lieu, de la part du Gouvernement
français, à la promulgation d'un décret sous la date du 30 septembre 1871,
ayant pour premier objet d'établir les règles d'après lesquelles devait être faite
l'expertise destinée à servir de base à l'indemnité allouée, en cas d'abatage, par
la loi du 30 juin 1866.

Ce décret avait aussi pour but de concilier l'application des mesures sanitaires
avec les nécessités de l'alimentation publique, en donnant aux préfets le pouvoir
de prendre des arrêtés pour permettre le transport vers des centres de consommation soit des animaux destinés à être abattus comme suspects, soit des viandes
provenant de ces animaux.

Il prescrivait que des précautions fussent prises, dont le soin était laissé aux
préfets, pour « que les animaux vivants ne pussent être détournés de leur destination et fussent abattus aussitôt après leur arrivée à l'abattoir. »

Enfin, pour sauvegarder les intérêts du Trésor public, il réduisait l'indemnité
des trois quarts de la valeur due pour les animaux abattus pour la boucherie,
dans une mesure égale à ce dont le produit de la vente de leurs viandes excédait le quart restant.

Ces dernières dispositions sont excellentes. L'abatage, ainsi ordonné, devient
doublement profitable, comme mesure sanitaire et comme moyen d'utiliser pour
l'alimentation publique les viandes qui seraient détruites par l'enfouissement.
En outre, en réglementant, avec toutes les précautions que les circonstances
exigent, l'expédition des convois d'animaux qui ne sont que contaminés, vers

les centres de consommation, ce que la rapidité des moyens de transport permet aujourd'hui facilement et sans danger, le décret de 1871 a donné le moyen d'exécuter, par l'intermédiaire des transactions commerciales, le dépeuplement graduel des régions infectées, sans que le Trésor public soit obligé à d'aussi grands sacrifices que lorsqu'on procède exclusivement à l'abatage suivi de l'enfouissement prescrit par les anciens arrêts.

Pour compléter cette récapitulation analytique des dispositions législatives prescrites contre les épizooties contagieuses depuis 1714 jusqu'à 1871, il faut rappeler qu'à différentes époques, notamment en 1775, en 1815, en 1865 et en 1871, l'administration centrale a fait publier des *mémoires instructifs,* des *instructions,* des *circulaires* pour éclairer les autorités chargées de faire exécuter les mesures édictées par les pouvoirs législatifs, sur l'esprit qui les avait inspirées, sur le but qu'elles se proposaient d'atteindre, sur leur utilité essentielle au point de vue des intérêts publics, sur les moyens de les exécuter et sur la nécessité absolue que leur exécution soit rigoureuse pour qu'elles puissent produire leurs effets. Enfin, de temps à autre, des ordonnances ou des arrêtés sont intervenus pour régler, d'une manière spéciale, des questions de fait ou de droit qu'avait pu soulever l'application des mesures législatives.

Instructions et circulaires sur les maladies contagieuses.

II.

Il ressort de cet exposé que nous possédons en France une législation sanitaire, à l'édification de laquelle ont concouru successivement les différents pouvoirs qui, dans la série des années écoulées depuis 1714 jusqu'à nos jours, ont été déterminés, par les calamités des épidémies animales contagieuses, à prendre des mesures pour en arrêter les ravages.

Nécessité d'une réforme de notre législation sanitaire.

Toutes les fois que les circonstances ont nécessité une nouvelle intervention des pouvoirs législatifs, des mesures nouvelles sont venues s'ajouter à celles qui avaient été précédemment arrêtées, et de l'ensemble de ces dispositions légales est résulté ce que l'on peut appeler notre *Code sanitaire,* car le Code pénal, loin d'abroger les anciens arrêts de la cour du Parlement et du Conseil du Roi, en a, au contraire, revivifié la légalité, en s'en référant à eux pour tout ce qu'ils avaient réglementé en matière d'épizooties contagieuses.

Sans doute que, parmi les mesures édictées par ces arrêts, il y en a, et c'est le plus grand nombre, qui sont inspirées par une très-juste appréciation de la nature des choses; mais d'autres doivent être absolument répudiées aujourd'hui parce que, au point de vue sanitaire, elles sont ou inutiles, ou mauvaises ou même dangereuses, et que, d'autre part, la rigueur excessive de leurs pénalités, qui ne sont pas en rapport avec la nature des infractions commises, heurte et froisse le sentiment général de notre temps. Aussi, cette rigidité extrême des anciens arrêts a-t-elle eu ce résultat que, malgré la force de loi qu'ils possèdent encore, ils demeurent, la plupart du temps, inappliqués, et, par cela même, sont oubliés et presque ignorés des tribunaux eux-mêmes.

Mais cette désuétude n'implique pas leur abolition. A de certains moments, lorsque viennent à surgir de grandes calamités épizootiques, comme la peste bovine par exemple, il y a des tribunaux qui tirent les vieux arrêts de l'oubli et se servent de leur sévérité pour punir par leurs amendes rigoureuses les infractions aux mesures sanitaires qu'ils ont à refréner. D'autres, au contraire, s'abstiennent de ces rigueurs et ne punissent que comme de simples contraventions aux lois de police ces infractions que les premiers considèrent comme gravement délictueuses. En sorte que, pour les mêmes faits, les peines peuvent varier depuis un maximum extrême jusqu'à un minimum excessif : de 1 franc à 500 francs d'amende, par exemple. Cela s'est vu tout particulièrement en 1871 et 1872, pendant le cours de la peste bovine.

Il y a plus : en dehors des grandes calamités épizootiques, on a vu des tribunaux appliquer les pénalités extrêmes, et non susceptibles d'atténuation, des anciens arrêts du Conseil, pour des infractions auxquelles avaient donné lieu des maladies contagieuses d'une très-grande bénignité, au point de vue des intérêts généraux, comme la gale du cheval, par exemple.

Ces inégalités dans l'application des peines pour les mêmes fautes suffiraient à elles seules pour justifier la réforme de notre législation sanitaire. Mais une autre et puissante considération commande cette réforme : c'est la nécessité de mettre le plus possible notre pays en défense contre les invasions de la peste bovine, que l'activité et la rapidité des transactions commerciales rendent de jour en jour plus menaçantes pour l'Europe occidentale. A ce point de vue, l'ordonnance du Roi de 1739, la seule qui ait prescrit des *précautions à prendre sur les frontières, à l'occasion des maladies contagieuses,* est ou insuffisante ou tout à fait inapplicable. Un mal d'une aussi grande gravité que la peste bovine, et si compromettant pour la fortune des États qu'il envahit, réclame des mesures plus énergiques et mieux entendues que celles de l'ordonnance de 1739, qui se contentait de la garantie du certificat de santé pour autoriser l'introduction en France des animaux provenant des régions infectées.

Enfin à la réforme de notre législation se rattache la sauvegarde d'intérêts commerciaux de premier ordre, ceux de nos provinces de l'ouest particulièrement, qui ne peuvent plus exporter leurs bestiaux pour l'Angleterre, parce qu'on les considère, dans ce pays, comme suspects de maladies contagieuses contre lesquelles notre police sanitaire actuelle est réputée impuissante à les protéger. En donnant à l'Angleterre la garantie qu'une surveillance sérieuse est exercée sur nos bestiaux, au point de vue de la contagion, par un service sanitaire bien organisé, il deviendra plus facile d'obtenir de nos voisins qu'ils rendent son ancienne liberté au commerce dont ces animaux sont l'objet entre eux et nous.

Le temps est donc venu de soumettre à une révision l'ensemble des mesures qui composent notre *Code sanitaire* actuel, afin de mettre notre législation, sur ce point, le plus possible en rapport avec ce que la science a appris, ce que l'expérience a consacré et, aussi, avec ce que réclament l'esprit et les mœurs de notre temps.

C'est en s'inspirant de ces idées que le Comité consultatif des épizooties a préparé et rédigé le projet de loi sanitaire qu'il vous soumet aujourd'hui, Monsieur le Ministre, avec l'exposé des motifs qui en est la justification.

III.

Une loi sur la *police sanitaire des animaux domestiques* doit poser les principes généraux des règles qu'il convient de prescrire pour préserver la richesse publique des dommages que peuvent lui causer l'invasion et le développement des maladies contagieuses, et il est nécessaire de lui annexer un *règlement d'administration publique* par l'intermédiaire duquel les principes généraux établis par la loi doivent être adaptés à chacune des maladies contagieuses, suivant ce que nécessitent leur nature et les dangers qui s'y rattachent. Mais ce règlement doit puiser sa force dans la loi elle-même, et il ne peut imposer aucune obligation aux particuliers, aucun devoir aux autorités, aucune pénalité quelconque dont la loi n'aurait pas posé le principe.

Il est donc nécessaire qu'elle détermine les mesures principales que la protection de la richesse publique commande de prescrire aux particuliers et celles qui doivent être prises, en vue du même objet, par les agents ou représentants du pouvoir.

Il faut qu'elle formule, avec précision, les prescriptions qui concernent celles des maladies contagieuses dont la nature est telle que les mesures qu'elles comportent ne peuvent être exécutées qu'à la condition d'imposer aux propriétaires des animaux malades des obligations restrictives de leur droit de propriété.

La loi doit également régler la surveillance qu'il est nécessaire aujourd'hui d'exercer en permanence aux frontières pour prévenir l'introduction des maladies contagieuses par les animaux présentés à l'importation; et c'est à elle qu'il appartient de prescrire les mesures, qui doivent être sommaires dans quelques cas, dont la constatation de l'une ou de l'autre de ces maladies peut nécessiter l'application.

Cette loi doit aussi déterminer les cas dans lesquels des indemnités doivent être allouées pour les animaux dont l'autorité publique juge nécessaire d'ordonner l'abatage comme mesure indispensable pour étouffer les foyers d'une contagion redoutable et prévenir leur irradiation.

Dans les cas où le principe de l'indemnité est reconnu applicable, il appartient encore à la loi d'en fixer le taux, de déterminer le mode à suivre pour l'estimation de la valeur des animaux dont l'abatage doit être ordonné; de désigner l'autorité à laquelle ressortit la fixation des indemnités qui sont dues dans les cas particuliers; enfin de préciser les circonstances qui peuvent entraîner la déchéance du droit à l'indemnité que la loi reconnaît.

Les pénalités encourues pour les infractions aux dispositions de la loi sanitaire sont aussi et nécessairement de son ressort. Les principes généraux du droit s'opposent, en effet, à ce que des conséquences pénales puissent être attachées à l'inexécution de prescriptions dont aucune loi ne poserait le principe et qui ne résulteraient pas du texte d'arrêtés pris dans les limites des pouvoirs de police, conférés par une loi précise aux autorités administratives. La loi actuellement en projet avait donc à déterminer ce que les pénalités devaient être suivant la nature des infractions commises et la gravité des conséquences dommageables qu'elles pouvaient avoir.

Enfin la loi devait poser le principe de l'organisation en France d'un service sanitaire, en attribuant au *Comité consultatif des épizooties*, institué auprès du Ministre de l'agriculture, le rôle qui lui revenait dans cette organisation, et s'en référer à un *règlement d'administration publique* pour déterminer les conditions dans lesquelles devaient être appliquées, pour chaque maladie et chaque espèce d'animaux, les mesures sanitaires qu'elle édictait.

Divisions adoptées. Conformément au plan qui vient d'être exposé, le projet de *loi sur la police sanitaire des animaux domestiques* comprend cinq titres relatifs : le premier, aux *maladies contagieuses des animaux domestiques* et aux *mesures sanitaires qui leur sont applicables;* le deuxième, *à l'importation des animaux;* le troisième, aux *indemnités;* le quatrième, aux *pénalités,* et le cinquième, aux *dispositions générales.*

Les motifs des dispositions arrêtées sous chacun de ces titres vont être exposés article par article.

TITRE PREMIER.

MALADIES CONTAGIEUSES DES ANIMAUX ET MESURES QUI LEUR SONT APPLICABLES.

ARTICLE PREMIER.

Enumération des maladies contagieuses. Dans l'article Ier, placé sous ce titre, se trouvent comprises et énumérées celles des maladies contagieuses qui, en raison des dommages matériels que toutes elles peuvent causer, et, en outre, des dangers que quelques-unes font courir à l'espèce humaine, doivent être soumises d'une manière permanente aux dispositions de la loi.

La peste bovine est la première qui devait être inscrite sur la liste de cet article, parce qu'elle prime toutes les autres par l'activité avec laquelle elle se propage, la gravité exceptionnelle qu'elle revêt, et conséquemment le nombre et la grandeur des dommages qu'elle est susceptible de causer dans un temps très-rapide, quand on ne sait pas mettre obstacle à son extension par l'application rigoureuse des mesures sanitaires dont une expérience certaine a démontré l'efficacité.

Après la peste bovine, viennent successivement : d'abord la péripneumonie contagieuse, spéciale à une seule espèce; puis les maladies qui sont communes à plusieurs; et, enfin, celles qui sont communes à toutes.

On sait, par l'exposé historique qui précède, combien de fois cette maladie des steppes de l'Europe orientale a porté dans nos régions la ruine et la désolation. C'est la plus grave et la plus subtile de toutes les contagions animales. Aucune ne motive ou, pour mieux dire, ne nécessite davantage l'intervention des pouvoirs publics, armés de toutes les ressources que la loi peut leur donner, pour protéger les bestiaux contre ses atteintes. On peut même dire que c'est de la crainte de ses ravages, trop souvent éprouvés, que procède l'ancienne législation sanitaire presque tout entière, car c'est contre elle, presque exclusivement, que sont dirigées toutes les mesures de police édictées par les pouvoirs législatifs de 1714 à 1871. Contre ses dangers toujours menaçants, et plus que jamais aujourd'hui, la défense doit être organisée d'une manière permanente.

Les mesures défensives contre la peste bovine sont d'autant plus justifiées qu'on peut affirmer qu'elles se montrent toujours efficaces quand elles sont bien entendues, bien dirigées et strictement observées. Tandis que, au contraire, les ravages de cette maladie grandissent démesurément quand les autorités publiques demeurent inactives devant elle, ou manquent, d'une manière ou d'une autre, à leurs devoirs en s'abstenant de faire exécuter scrupuleusement toutes les mesures, sans exception, dont le concert est indispensable pour que le fléau puisse être arrêté et éteint.

Si la peste bovine peut s'attaquer à tous les ruminants, tous ne la contractent pas avec la même facilité, et elle est loin de revêtir dans toutes les espèces le même caractère de gravité. A ce double point de vue, la différence est considérable, entre les grandes et les petites espèces. Tandis que chez les bêtes à cornes, qui sont très-accessibles à la contagion, cette maladie est presque toujours d'une gravité extrême, il est, au contraire, nécessaire, pour que le mouton la contracte, de rencontrer certaines conditions de cohabitation étroite avec les malades et, dans la plupart des cas, elle est chez lui d'une remarquable bénignité.

Mais si les dommages qu'elle peut causer dans les troupeaux de bêtes à laine ne sont pas très à redouter, l'application à ces animaux de mesures spéciales, préventives de la peste bovine, n'en est pas moins nécessaire parce que, d'une part, toute bénigne que soit d'ordinaire, chez eux, cette maladie, ils peuvent la transmettre aux grands ruminants, chez lesquels elle reprend immédiatement son caractère de gravité extrême ; et que, d'autre part, ils peuvent servir à son transport, comme simples véhicules, comme moyens tout mécaniques. Le mouton peut, en effet, porter avec lui la matière virulente dans la bouse adhérente à ses pieds, ou à sa toison, ou dans toute autre matière qu'il peut charrier ; et ce sont là des conditions qui doivent faire prendre à son égard des mesures de précautions, pour empêcher qu'il devienne l'agent de la dissémination de la peste, soit qu'il en renferme le germe en lui, soit qu'il porte sur lui la matière qui le recèle.

Une seule maladie exclusive à l'espèce bovine est inscrite dans le projet de loi : c'est la *Péripneumonie contagieuse.*

La Péripneumonie contagieuse du gros bétail est une des contagions qui causent le plus de pertes à l'agriculture de notre pays. Si elle est moins rapide dans sa marche que la peste bovine et produit moins de désastres dans un temps donné, par contre, comme elle sévit en permanence dans un certain nombre de régions de la France, il est incontestable que, par la continuité de son action, elle finit par causer des dommages qui deviennent supérieurs à ceux qui peuvent résulter des invasions intermittentes de la peste, surtout lorsque l'intermittence se mesure par une période de plus de cinquante ans, comme celle de 1814 à 1865.

Ce qui fait le grand danger de la péripneumonie contagieuse, c'est que, par une sorte d'accoutumance des esprits aux dommages qu'elle cause, on les accepte comme inévitables, et que, loin de recourir aux mesures qui pourraient les empêcher, on laisse, au contraire, toute liberté aux pratiques qui peuvent les répandre, comme, par exemple, la vente des animaux contaminés et leur transport à distance des lieux où ils ont recueilli le germe de leur mal. Grâce à la longueur du temps qu'il faut pour l'éclosion de ce germe, en moyenne de six semaines à deux mois, rien n'est plus facile que le trafic, aujourd'hui complétement libre, des animaux contagionnés, par l'intermédiaire desquels, les chemins de fer aidant, la contagion se dissémine dans tous les sens.

Ce ne sera pas le moindre des services que la loi, aujourd'hui en projet, pourra rendre à l'agriculture que de mettre en vigueur contre la contagion de la péripneumonie les mesures sanitaires qu'elle réclame, mesures actuellement presque partout inappliquées et qui cependant ne manqueraient pas d'être efficaces, si l'on tenait la main à leur exécution.

Les maladies que la loi vise spécialement dans les espèces ovine et caprine, sont la *Clavelée* et la *Gale*.

La Clavelée qui n'est autre chose que la variole de ces espèces, possède, comme la variole humaine, une grande force d'expansion, d'autant plus active que les sujets auxquels elle s'attaque vivent généralement en troupeaux, et qu'elle trouve dans le nombre même des animaux agglomérés une condition très-favorable à l'accroissement de son intensité.

La nécessité s'impose donc de prendre, à l'égard de cette maladie, des mesures sanitaires qui puissent prévenir sa diffusion par les voies multiples qu'elle peut trouver : parcours des routes, promiscuité des pâturages, cohabitation sous un même toit, transport par les wagons des chemins de fer, etc. etc.

La clavelée peut, en effet, occasionner de grandes pertes, tout à la fois par les accidents mortels qu'elle est susceptible de causer et par la dépréciation considérable des animaux au triple point de vue de l'engraissement, de la production de la laine et de celle du lait.

La Gale, dans les espèces ovine et caprine, est loin d'être aussi grave que la variole; mais elle est cependant d'une grande importance, au point de vue économique, parce qu'elle a ce double effet de rendre l'engraissement difficile et d'altérer si profondément les toisons que leur valeur en devient presque nulle.

Répandue sur de grandes surfaces et sur de nombreux troupeaux, elle peut donc, elle aussi, constituer une calamité véritable, qu'il faut savoir prévenir par des mesures sanitaires appropriées à la nature de ce mal et à son mode connu de diffusion.

La Fièvre aphtheuse est inscrite dans le projet de loi comme une maladie commune aux grands et aux petits ruminants et à l'espèce porcine. *Fièvre aphtheuse.*

Cette maladie est loin d'avoir la gravité extrème de la peste bovine et de la péripneumonie contagieuse; mais si, rarement, elle donne lieu à des accidents mortels, elle ne laisse pas de constituer une calamité très-sérieuse par le nombre des animaux qu'elle attaque et par la réduction de valeur qui résulte pour chacun, soit de l'amaigrissement, soit du tarissement du lait, soit encore de l'inaptitude au travail pendant un temps plus ou moins long. C'est par millions que se calculent les pertes procédant de ces différentes causes.

Il est d'autant plus nécessaire de prendre des mesures contre cette maladie que les bêtes qui en sont affectées laissent, pour ainsi dire, couler incessamment des vésicules de leur bouche et de leurs pieds l'humeur qui est l'instrument de la contagion, et infectent ainsi les chemins qu'elles suivent, les pâturages qu'elles parcourent, les lieux où elles séjournent : cours, étables, écuries, wagons de chemins de fer, surtout; et c'est de cette manière, bien plus que par les rapports directs des animaux entre eux, que cette maladie gagne incessamment du terrain.

Susceptible de se transmettre aux moutons et aux porcs, elle trouve dans ces animaux d'autres agents de sa dissémination, surtout par l'intermédiaire des voies ferrées qui servent à transporter au loin les troupeaux infectés, et contribuent pour leur propre compte à l'infection de nouveaux troupeaux par l'action directe des wagons où les premiers ont séjourné.

C'est la connaissance de ces faits qui a motivé l'inscription de la fièvre aphtheuse des espèces ovine, caprine et porcine sur la liste des maladies auxquelles les dispositions de la loi sanitaire devaient être appliquées. Si, au sujet de cette maladie, la loi n'avait eu de prise que sur l'espèce bovine, ses prescriptions auraient été illusoires, puisque la contagion aurait continué à se répandre, par l'intermédiaire des troupeaux de moutons et de porcs, partout où les transactions commerciales peuvent les transporter.

Les maladies contagieuses des espèces chevaline et asine auxquelles les dispositions de la nouvelle loi sanitaire doivent être particulièrement appliquées sont la *Morve*, le *Farcin* et la *Dourine*. *Morve et Farcin.*

Rien de plus facile à justifier que leur inscription dans cet article.

La Morve et le Farcin ne donnent pas seulement lieu à des pertes matérielles qui peuvent être très-considérables, quand on leur laisse prendre de l'extension dans les grandes agglomérations d'animaux; l'expérience a appris que ces deux maladies sont aussi susceptibles de se transmettre à l'espèce humaine sur laquelle elles revêtent presque toujours un caractère de gravité extrême et se terminent presque inévitablement par la mort. S'il est douteux qu'elles aient un caractère *infectieux,* c'est-à-dire qu'elles puissent se transmettre à distance par le milieu aérien, les rapports qui s'établissent si facilement entre les chevaux dans les écuries communes ou qui résultent médiatement de l'usage d'objets qui leur sont communs, tels que les étrilles, les brosses, les éponges et les seaux, ces rapports suffisent pour que la propagation de ces maladies soit assez rapide et ne tarde pas à réaliser de graves dommages. Elles doivent donc être l'objet d'une surveillance incessante. L'histoire du passé témoigne que toutes les fois qu'on s'en est relâché, pour une cause ou pour une autre, toujours la morve et le farcin n'ont pas tardé à prendre de très-grandes proportions; et que par contre on est parvenu à réduire considérablement le chiffre des accidents causés par ces maladies, toutes les fois que les autorités militaires ou civiles ont tenu la main à l'exécution rigoureuse des mesures de police sanitaire.

Dourine.

La *Dourine,* maladie d'origine exotique, importée en France, il y a une trentaine d'années, par des étalons orientaux, réunit tous les caractères nécessaires pour qu'elle ait dû être inscrite dans l'article 1er de la loi et soumise par cela même à ses dispositions préservatrices. La Dourine est, en effet, très-redoutable, par son activité contagieuse et sa gravité presque mortelle, pour les pays où l'on se livre à l'industrie de la production du cheval. Transmissible d'un sexe à l'autre par les voies génitales, comme la maladie vénérienne de l'espèce humaine, il suffit pour qu'elle se répande sur une grande étendue, à l'époque de la monte, de l'action d'un seul étalon; et chacune des juments infectées peut devenir à son tour, par l'infection d'un nouvel étalon auquel elle sera livrée, la condition de la propagation de la maladie à un grand nombre d'autres juments. C'est ainsi qu'elle s'est répandue, en effet, dans les pays où elle n'est pas surveillée ou dans lesquels sa surveillance est difficile, comme en Algérie par exemple. Mais, avec des mesures sanitaires bien dirigées et bien observées, il devient possible de mettre un obstacle complet à sa propagation.

Rage et charbon.

La Rage et le Charbon sont rangés dans le projet de loi comme des maladies propres à toutes les espèces et devant donner lieu, pour toutes, à l'application de mesures sanitaires appropriées à leur mode d'expansion dans chacune.

La Rage, cela va de soi, ne pouvait pas ne pas avoir sa place sur la liste des maladies contagieuses dont il est nécessaire d'arrêter la propagation; mais c'est surtout au point de vue de l'espèce humaine que sa contagion doit être surveillée et refrénée. Exclusivement virulente, cette maladie n'est pas susceptible d'une grande expansion, puisqu'elle ne peut se transmettre que par l'inoculation seule. Mais si elle n'est pas susceptible de causer de grands dommages matériels, elle demeure extrêmement redoutable par les dangers, toujours si cruels quand ils se réalisent, qu'elle fait courir à l'espèce humaine; et, à ce point de vue, on ne saurait recourir contre elle à des mesures trop énergiquement rigoureuses.

Quant au Charbon, ce qui motive son inscription sur la liste du projet de loi, c'est une considération du même ordre, c'est-à-dire le danger possible et trop souvent réalisé de sa transmission à l'homme par les rapports directs de contact avec les animaux malades et surtout par les manipulations de leurs débris cadavériques.

Considérées au point de vue de leur origine, de leur marche, de leur mode de communication, les affections charbonneuses n'exigent pas que l'on prenne contre elles des mesures sanitaires du même ordre que celles qu'il est nécessaire d'édicter contre les épizooties très-activement contagieuses; car ce n'est pas par la contagion que ces maladies acquièrent une grande extension. Elles sont surtout de nature endémique; ce sont des influences locales qui leur donnent naissance, et, une fois nées, elles ne tendent pas à se répandre au loin par la force expansive qu'elles devraient à un principe contagieux très-actif. Cette dernière condition de leur propagation reste, au contraire, très-faible, et aurait pu être négligée par une loi sanitaire s'il n'avait pas été nécessaire de prescrire des mesures préservatrices pour mettre l'homme à l'abri des dangers auxquels l'exposent les manipulations des viandes et des débris provenant des animaux charbonneux.

ART. 2.

Les maladies énumérées dans l'article 1ᵉʳ de la loi sont celles dont l'histoire est faite, dont on connait les caractères, le mode d'évolution et de propagation et auxquelles des prescriptions sanitaires, appropriées à leur nature, peuvent être dès maintenant appliquées avec connaissance de cause. Mais il fallait prévoir les éventualités de l'avenir. La possibilité, par exemple, qu'une des maladies contagieuses, comme la gale, qui ne doit être soumise aux dispositions de la loi que pour une seule espèce d'animaux, dans les intentions du projet, revête par exception, chez une autre, le caractère épizootique et nécessite, par ce fait, l'application de mesures propres à en arrêter les progrès. Il fallait prévoir aussi l'importation possible d'une nouvelle maladie exotique, comme la dourine, par exemple, ou encore la possibilité qu'avec les progrès de la science des propriétés contagieuses vinssent à être reconnues à des maladies qui ne paraissent pas les posséder aujourd'hui. L'histoire de la morve témoigne que ces propriétés peuvent rester parfois méconnues.

Les dispositions inscrites dans l'article 2 du projet ont pour but de parer à ces éventualités en attribuant au Pouvoir exécutif la faculté « d'ajouter à la nomenclature des maladies réputées contagieuses dans chacune des espèces d'animaux énoncées dans l'article 1ᵉʳ, toutes autres maladies contagieuses, dénommées ou non, qui prendraient un caractère dangereux. »

Grâce à cette latitude, la loi peut comprendre deux classifications : l'une qu'on peut appeler *légale*, perpétuelle en quelque sorte, embrassant toutes les maladies contre lesquelles l'action sanitaire doit être dirigée d'une manière permanente; l'autre, *administrative*, temporaire, qui permet de soumettre aux dispositions de la loi, dans toutes les espèces, toutes les maladies contagieuses, dénommées ou non par elle, qui, éventuellement, peuvent devenir dangereuses.

Enfin, par une dernière disposition, l'article 2 arme également le pouvoir contre les espèces d'animaux autres que celles qui sont désignées dans l'article 1er, et lui donne la faculté de leur appliquer les mesures édictées par la loi.

L'expérience a, en effet, démontré que des maladies contagieuses des animaux domestiques pouvaient s'attaquer à des animaux sauvages tenus en captivité et à ceux qui appartiennent à des espèces peu répandues en France et dont on ne trouve des spécimens que dans les collections, dans les jardins d'acclimatation ou encore dans les cirques et les exhibitions foraines. L'histoire du Jardin d'acclimatation de Paris, en 1865, porte à cet égard un très-frappant témoignage. L'énumération de ces espèces et des maladies contagieuses dont chacune d'elles peut devenir le véhicule et l'agent de transmission était impossible et en tout cas inutile. Le projet de loi donne à la préservation publique toutes les garanties nécessaires contre les maladies dont les animaux de ces espèces peuvent être atteints, en réservant le droit au Pouvoir exécutif de procéder par voie de décret à leur égard, toutes les fois que les circonstances pourraient l'exiger.

Tels sont les motifs des dispositions additionnelles à celles de l'article 1er qui sont inscrites dans l'article 2.

ART. 3.

Déclaration et isolement.

L'article 3 prescrit les deux premières obligations principales auxquelles les propriétaires, détenteurs ou gardiens d'animaux doivent être astreints au nom de la préservation commune : ce sont celles de la *déclaration* et de *l'isolement*.

Par la déclaration, l'autorité chargée de la sauvegarde des intérêts communs est avertie de l'existence *actuelle* ou *présumée* d'une maladie dont la contagion peut se répandre; et mise ainsi en éveil, elle est déterminée à faire prendre immédiatement toutes les mesures de précaution nécessaires pour prévenir cette expansion.

La déclaration est donc la condition première indispensable pour que les mesures générales de préservation soient appliquées le plus rapidement possible, c'est-à-dire pour qu'elles soient le plus sûrement efficaces. Si l'autorité n'était prévenue de l'existence d'une contagion que par la rumeur publique, bien des dommages déjà pourraient être accomplis, au moment où son attention serait éveillée par cette voie trop indirecte, et, au lieu de la situation simple du début du mal, elle se trouverait en présence de difficultés résultant tout à la fois et de l'extension qu'il aurait eu le temps de prendre, et surtout de sa dissémination possible sur un plus ou moins grand nombre de points de la commune.

La déclaration faite à l'heure que la loi prescrit, c'est-à-dire *immédiatement* après l'apparition du fait qui doit y déterminer, prévient cette complication.

Elle ressort si bien du reste de la nature des choses, elle est une condition si nécessaire de l'intervention immédiate de l'action publique que tous les anciens arrêts du Conseil et toutes les prescriptions législatives qui les ont suivis n'ont pas manqué de l'imposer, et l'ont placée au seuil du système sanitaire qu'ils se proposaient d'ordonner.

Le projet de loi actuel, en la prescrivant à son tour, ne fait donc que suivre des errements qui ont pour eux la consécration d'une expérience de plus de cent soixante ans.

La déclaration obligatoire et immédiate a cet autre avantage que ceux des habitants de la commune, qui sont le plus intéressés à la conservation du bétail, se trouvent obligés par la loi de donner à l'autorité, gardienne des intérêts communs, le concours actif de leur propre vigilance. Mais, à première lecture, la loi peut sembler bien exigeante quand elle réclame des propriétaires, détenteurs et gardiens d'animaux, d'avoir à déclarer, non-seulement ceux de leurs animaux qui sont atteints d'une des maladies qu'elle répute contagieuse, mais encore ceux qui n'en sont que soupçonnés. Une semblable obligation n'implique-t-elle pas, comme condition nécessaire pour qu'elle puisse être bien remplie, des connaissances spéciales que ne sauraient posséder les personnes auxquelles le projet de loi propose de l'imposer?

Quelques explications doivent être données ici pour faire disparaître cette objection qui, du reste, vient naturellement à l'esprit.

On doit considérer d'abord que les propriétaires des animaux et les personnes préposées à leur donner des soins savent parfaitement reconnaître, non pas toujours leurs maladies spéciales, mais l'état maladif quelconque dans lequel ils peuvent tomber.

Quand il s'agit d'un cas isolé, cette première manifestation peut rester sans signification, au point de vue sanitaire public, pour celui qui l'observe. Mais si, dans un même moment, ou dans des jours très-rapprochés, des cas semblables viennent à se produire, voilà un fait insolite qui doit mettre en éveil l'attention des intéressés et les déterminer à prévenir l'autorité de ce qui se passe chez eux de tout à fait exceptionnel.

Lorsque aucun événement de cet ordre ne s'est encore produit dans une commune, ceux qui en sont les premiers témoins sur leurs animaux peuvent être, jusqu'à un certain point, excusés, s'ils ne se sont pas empressés d'aller en faire la déclaration à l'autorité. Ils peuvent arguer de ce qu'ils ne *savaient pas*, de ce que, n'étant pas prévenus, ils ont pu ne pas attacher toute l'importance qu'il fallait à ce qui se passait sous leurs yeux; et quand des juges seront appelés à prononcer sur leur culpabilité, ils sauront faire la part de ce qu'il y aura d'atténuant pour eux dans les circonstances.

Mais cette excuse de l'ignorance et de l'inattention ne peut plus être invoquée quand il est de notoriété dans la commune que déjà des cas de maladie se sont déclarés; quand déjà le maire a été averti, et que, surtout, par l'affichage et la publication faite à son de caisse, comme il est d'usage dans le plus grand nombre des communes, tout le monde a été mis sur le qui-vive et déterminé ainsi à se tenir en garde contre ce qui peut se passer d'inaccoutumé dans les étables, les bergeries, les écuries et les pâtures. Alors tout état maladif des animaux doit être considéré comme suspect, et l'obligation naît, pour leurs propriétaires, détenteurs et gardiens, d'aller en faire, sans délai, la déclaration au maire de leur commune, sous peine, dans le cas de manquement, des pénalités édictées par la loi. Ainsi expliquée, cette obligation n'a plus rien, on le voit, qui puisse et doive être considéré comme excessif.

Mais ce n'est pas seulement l'obligation de la déclaration qu'impose l'article 3, c'est aussi celle de l'isolement immédiat des animaux malades ou qui ne sont que soupçonnés; isolement qui doit être exécuté avant même que l'autorité administrative ait répondu à l'avertissement qui lui a été donné. Cette prescription s'explique d'elle-même : du moment qu'il s'agit d'une contagion, l'indication est expresse de séparer les animaux malades ou soupçonnés de ceux auxquels ils pourraient communiquer leurs maladies. Mais pour qu'il fût satisfait à cette obligation, il n'était pas nécessaire que l'isolement fût absolu. C'eût été ordonner une mesure d'une exécution souvent impossible que de le prescrire. En effet, dans les petites fermes il n'existe aucun local qui n'ait son affectation : l'écurie, l'étable, la bergerie, la porcherie. Vouloir qu'un animal atteint ou suspect d'une maladie contagieuse soit isolé de tout autre animal, même des animaux auxquels ne peut être communiquée l'affection reconnue ou soupçonnée chez lui, ce serait mettre l'œuvre du législateur en contradiction avec la force des choses. Une telle entreprise serait d'autant plus fâcheuse qu'elle conduirait nécessairement à la violation de la loi, sans servir le dessein qu'elle se propose et qui est complétement réalisé, dès l'instant où l'animal atteint ou suspect de maladie réputée contagieuse est éloigné de tout autre appartenant à une des espèces susceptibles de contracter son mal.

ART. 4.

Visite
de
l'animal malade
ou suspect.

L'article 4 trace la ligne de conduite que l'autorité a le devoir de suivre dès qu'elle a été avertie ou qu'elle a eu connaissance de l'existence ou de la présomption d'une maladie contagieuse dans une dépendance de la commune. Le devoir du maire est de faire procéder à la visite de l'animal malade ou suspect par le vétérinaire délégué du service sanitaire.

Le principe de cette visite devait être inscrit dans la loi pour prévenir la résistance qu'en vertu de son droit de propriété, le propriétaire des animaux malades ou suspects aurait pu opposer à son exécution. D'autre part, il était nécessaire que cette visite fût faite, et dans un bref délai, pour que l'autorité sût à quelle maladie elle avait affaire et pût s'inspirer de la connaissance de sa nature pour prendre les mesures qui sont indiquées par cette nature même.

L'article 4, en attribuant au vétérinaire sanitaire la mission de procéder, sur l'invitation du maire, à la visite des animaux malades ou suspects, lui confère, en même temps, le droit de prescrire, s'il y a lieu, la complète exécution de la mesure de l'isolement ordonné par le dernier alinéa de l'article précédent. L'intervention du vétérinaire peut, en effet, être souvent nécessaire pour que l'isolement que désire la loi ne soit pas illusoire. Quand il s'agit, par exemple, d'une maladie infectieuse, comme la peste bovine, la péripneumonie contagieuse, l'isolement n'existe pas, dans le sens scientifique du mot, si les animaux qu'on veut séparer sont placés dans des locaux communiquant par des fenêtres, des portes ou des claires-voies; ce qu'il faut, dans ce cas, c'est une séparation complète sans aucune communication aérienne; tandis que pour la morve, pour la rage, pour la dourine, le vœu de la loi se trouve rempli si les animaux ne peuvent pas avoir de rapports de contact.

Mais le projet de loi n'a pas voulu que l'intervention du vétérinaire allât jusqu'à faire exécuter l'abatage des animaux malades et, à plus forte raison, de ceux qui ne sont que suspects. C'est aux autorités administratives seules que doit appartenir la prescription d'une mesure restrictive à ce point du droit de propriété, qu'elle a pour conséquence la destruction même, pour cause d'utilité publique, de l'objet de ce droit.

ART. 5.

L'article 5 prescrit au maire de prendre, quand les circonstances le réclament, un arrêté portant *déclaration d'infection,* soit de la commune tout entière, soit d'une partie seulement, qui peut être limitée à une ferme, à un bâtiment d'exploitation, à un pâturage, etc. etc.

Cette mesure, dont l'expérience de l'Allemagne a démontré l'efficacité, entraîne, suivant la nature des maladies, l'application d'un ensemble de dispositions, plus ou moins rigoureuses, qui ont pour but de prévenir la propagation de la contagion par une surveillance attentive exercée tout à la fois sur les animaux malades et contaminés, et sur ceux qui sont susceptibles de contracter leur maladie. Les premiers, confinés dans les lieux qu'ils habitent, ne doivent en sortir que pour une destination telle qu'aucun danger de contagion ne puisse s'ensuivre; et les autres doivent être empêchés de tous rapports avec ceux-ci par des mesures de police qui règlent leur circulation et leur défendent les abords et les approches des lieux infectés. Ces mesures préviennent aussi la sortie hors de ces lieux de tout ce qui peut servir de véhicule à la contagion.

Toutes les maladies contagieuses ne nécessitant pas l'application de mesures identiques, le projet de loi laisse au *règlement d'administration publique,* complémentaire de la loi, le soin de déterminer ce que doivent être, pour chacune d'elles, les effets de la *déclaration d'infection.*

ART. 6.

L'article 6 a pour but de prévenir la diffusion des maladies contagieuses, par l'interdiction de la vente ou de la mise en vente des animaux qui en sont atteints. Mais il peut y avoir des avantages, même au point de vue sanitaire, à ce que leurs propriétaires puissent être autorisés à s'en dessaisir pour les faire conduire à des abattoirs, si leur maladie est de telle nature qu'il n'y ait aucun inconvénient, pour la santé publique, à ce que leurs viandes soient livrées à la consommation, comme c'est le cas pour la fièvre aphtheuse, par exemple. L'abatage pour la boucherie constitue, en pareil cas, un moyen très-économique de dépeuplement qui diminue d'autant les chances d'extension et d'entretien de la maladie sur les lieux. D'autre part, il peut être très-utile, toujours au point de vue de la salubrité des localités envahies, d'autoriser des déplacements d'animaux malades et même des changements de mains par la vente, sous des conditions et avec des précautions que l'autorité administrative doit avoir la latitude de déterminer, lorsque les circonstances locales le permettront. Le principe de l'interdiction de la vente et de la mise en vente étant posé, le projet de loi renvoie au règlement d'administration publique pour les exceptions que cette interdiction peut comporter et qu'il reconnait nécessaire d'autoriser.

Mais ce ne sont pas seulement les animaux malades dont la vente doit être interdite; c'est surtout aux animaux encore sains en apparence, mais qui recèlent en eux les germes de la contagion à laquelle ils ont été exposés, que cette interdiction doit s'appliquer, car c'est eux surtout qui servent de véhicules à cette contagion quelle qu'elle soit, et la disséminent dans tous les sens par les voies commerciales. A ce point de vue, l'action de la loi ne saurait être trop restrictive et sa surveillance trop rigoureuse, car on peut dire avec certitude que c'est principalement par la vente des animaux infectés, dont leurs propriétaires se dessaisissent par le commerce pour éviter de plus grandes pertes, que les contagions gagnent le plus de terrain. Si elles n'étaient pas aidées par la complicité des trafiquants, elles ne constitueraient le plus souvent que des foyers circonscrits qui pourraient être étouffés sans de très-grands efforts.

Le projet de loi laisse au règlement d'administration publique le soin de fixer, pour chaque espèce d'animaux et de maladies, le temps pendant lequel l'interdiction de vente et de mise en vente s'appliquera aux animaux qui ont été exposés à la contagion. Ce règlement seul pouvait avoir l'élasticité nécessaire pour la fixation des règles en pareil cas, et leur adaptation à la nature des choses. Ainsi, par exemple, la période d'incubation de la péripneumonie contagieuse étant en moyenne de six semaines à deux mois, et pouvant se prolonger jusqu'à trois, c'est pendant ce long temps que l'interdiction de vente, pour une autre destination que la boucherie, doit peser sur les animaux de l'espèce bovine qui ont été exposés à la contagion de cette maladie. Tandis que, par contre, la durée de cette période ne doit pas être de plus de quinze jours pour la fièvre aphtheuse et d'un mois pour la clavelée. Ces détails, évidemment, ne sont pas du ressort de la loi; c'est au règlement d'administration qu'il appartient de les régler d'après les principes qu'elle a posés.

ART. 7.

L'article 7 impose une restriction nécessaire au droit de propriété, à l'égard des animaux sur lesquels la peste bovine a été constatée, en interdisant de recourir à un traitement pour combattre leur maladie. Cette restriction est absolument commandée par la nature des choses. Si on permettait aux propriétaires de bestiaux malades de la peste d'entreprendre leur traitement, chose, du reste, que l'expérience de tous les temps et de tous les pays a démontré inutile dans la très-grande majorité des cas, on laisserait ainsi des foyers de contagion s'entretenir et s'agrandir incessamment, et il serait à craindre que, grâce à leur irradiation, difficile à éviter dans les localités où la population bovine est très-dense, la peste des steppes ne prît des proportions qui nécessiteraient ensuite beaucoup d'efforts et de sacrifices.

L'Angleterre a fait, en 1865-1866, l'expérience de la liberté laissée aux propriétaires d'appliquer au traitement de la peste bovine une multitude de recettes, alors préconisées à l'envi les unes des autres, et ces tentatives, toutes restées vaines au point de vue thérapeutique, ont eu pour résultat de multiplier, dans des proportions excessives, les pertes que la contagion a causées. Cet enseignement ne doit pas être perdu, et la clause de l'article 7 a justement pour but de prévenir les conséquences qui pourraient résulter, pour notre pays, de tentatives semblables, toujours très-aléatoires, dont les quelques succès très-exceptionnels ne sauraient compenser les dangers qu'elles font courir aux intérêts communs.

Cependant il ne fallait pas que cette défense fût absolue. La loi doit prévoir les cas où la latitude peut être laissée d'expérimenter des moyens de traitement, lorsque les circonstances sont telles que tout danger d'expansion de la contagion peut être évité. Mais le projet de loi ne laisse qu'au Ministre le droit d'accorder cette autorisation, dans des cas et sous des conditions qu'il aura à déterminer sur l'avis du *Comité consultatif des épizooties*. Il a paru que cette question était de trop grande importance pour qu'on pût en laisser la solution aux maires et même aux préfets.

ART. 8.

Après avoir mis sous la surveillance de l'autorité, par les prescriptions des articles 5 et 6, les animaux atteints ou soupçonnés d'être atteints de maladies contagieuses, le projet de loi trace les règles qu'il convient de suivre à l'égard de ces animaux malades ou suspects, suivant la nature de leur maladie, réservant les détails au règlement d'administration publique.

Aux termes de l'article 8 du projet, « lorsque la maladie constatée est la peste bovine, les animaux malades et tous ceux de l'espèce bovine qui ont été exposés à la contagion, alors même qu'ils ne présenteraient aucun signe apparent de maladie, sont abattus, sur l'ordre du maire, après *estimation*. »

5.

Dans cet article, le projet de loi pose un principe absolu : celui de l'abatage de tous les animaux malades, à quelque espèce qu'ils appartiennent ; mais il n'applique l'abatage, comme mesure préventive, qu'aux animaux de l'espèce bovine seulement, l'expérience ayant démontré que si le mouton est susceptible de la contagion, ce n'est que par exception qu'il en subit les effets et toujours d'une manière bien moins grave que les grands ruminants. Il eût donc été excessif et inutilement onéreux pour le Trésor public de faire abattre préventivement les moutons qui ont pu être exposés à la contagion, quand les dangers très-éventuels de cette contagion peuvent être facilement prévenus par des mesures bien entendues d'isolement et de surveillance.

Mais pour l'espèce bovine la loi devait être rigoureuse. La peste bovine étant *infectieuse,* c'est-à-dire susceptible de se transmettre à distance par les voies aériennes, le projet a exprimé, par la formule compréhensive dont il se sert, que la condition existait pour que l'abatage dût être ordonné, lorsque les animaux de l'espèce bovine *avaient été exposés à la contagion*, non-seulement par des rapports de *contact,* ce qui eût été trop limitatif, et par conséquent insuffisant, mais par la cohabitation dans un même local, un même enclos, une même cour, une même pâture, par le rapprochement d'une manière quelconque, sur une route, sur un chemin, etc. Du moment qu'il résultera de l'appréciation des circonstances qu'un animal de cette espèce a pu respirer dans la même atmosphère qu'un malade et être exposé par ce fait à contracter sa maladie, il devra être abattu d'après la prescription du premier alinéa de l'article 8 ; et cette condition sera suffisante, « quand bien même il ne présenterait aucun signe apparent de la maladie : » il suffira qu'il soit contaminé. La prudence veut qu'on ne se réserve pas, en pareil cas, les chances heureuses de l'avenir. Du moment qu'un animal de l'espèce bovine a pu recevoir le germe du mal, il ne faut pas laisser à ce germe le temps de faire éclosion et d'apporter ainsi à la contagion le renfort d'un nouvel organisme infecté.

Ces rigoureuses prescriptions trouvent leur justification dans l'histoire aujourd'hui bien connue de la peste bovine. La peste bovine, il faut le répéter, est une maladie exotique qui ne trouve dans les régions occidentales de l'Europe la condition de son développement que dans la contagion ; qui ne s'y entretient que par elle, et qui toujours disparaît lorsque cette condition lui fait défaut ; soit que, comme aux époques des grandes invasions du moyen âge, le dépeuplement causé par ses ravages l'ait fait cesser naturellement, faute pour elle de trouver où se prendre à nouveau ; soit que, par un régime sanitaire bien organisé, on ait réussi à faire le vide autour de ses foyers, comme nous faisons aujourd'hui.

Mais dans tous les cas, une fois la peste éteinte dans un pays de l'Occident de l'Europe, et tous ses germes détruits, il n'y a pas d'exemple qu'on l'y ait vu renaître sous l'influence des causes générales de maladies ; toujours, pour qu'elle reparaisse, il faut une nouvelle importation. En dehors de cette condition, quelles que soient les influences mauvaises auxquelles les animaux peuvent être exposés, jamais ils ne contractent la peste.

Voilà le fait dominant d'où procède la prescription rigoureuse de l'abatage des animaux malades et de « tous ceux de l'espèce bovine qui ont été exposés à la contagion » de la peste. Par ce procédé sommaire on est sûr de se rendre maître absolument de la cause unique de cette maladie, la contagion, et de prévenir ses effets.

Or, ces effets, l'histoire de tous les temps en témoigne, sont redoutables à l'excès. La peste bovine est une maladie dont la puissance de contagion est, pour ainsi dire, extrême. Elle trouve prise sur presque tous les grands ruminants exposés à son influence, en sorte que, dans nos régions, ses ravages peuvent acquérir très-rapidement les plus grandes proportions, car tous les animaux contaminés sont voués presque fatalement à devenir malades, et la maladie revêt chez eux une telle gravité que la mort en est la terminaison la plus ordinaire. Les animaux de l'espèce bovine qui sortent indemnes des épreuves de la contagion et, parmi les malades, ceux qui échappent à la mort, ne constituent que de très-rares exceptions.

Contre une telle maladie, toujours importée, rapide à se répandre en raison de ses propriétés infectieuses très-développées, frappant presque inévitablement à mort presque tous les grands ruminants qu'elle touche, on ne saurait recourir trop rapidement à des mesures trop énergiques.

Étouffer tous les foyers aussitôt que naissants, voilà la grande nécessité qui s'impose; et l'expérience de tous les pays, comme celle des temps antérieurs depuis l'époque où la nature de la peste bovine a été connue, témoigne qu'il n'y a de salut possible contre cette maladie qu'en faisant le vide par l'abatage autour de ses foyers. C'est à cette nécessité que répond la prescription du premier alinéa de l'article 8.

Mais si cette prescription ordonne l'abatage d'une manière absolue, quand il s'agit de la peste bovine, elle spécifie qu'il doit être précédé d'une *estimation*, parce que, dans l'intention du projet, une indemnité doit être allouée aux propriétaires des animaux abattus dans de telles conditions et pour une telle cause.

Les raisons qui motivent cette dernière disposition seront exposées à propos du titre III, sous lequel se trouvent les articles relatifs à l'indemnisation et aux règles de son application.

L'article 8 stipule expressément que l'abatage doit être exécuté « sur l'ordre du maire », parce qu'une mesure aussi rigoureuse, qui touche au droit de propriété, ne peut pas être laissée à la discrétion des agents sanitaires et doit avoir la sanction de l'autorité de la commune.

Dans son deuxième paragraphe, l'article 8 indique la manière dont il doit être procédé à l'abatage commandé par l'alinéa précédent.

« Les animaux malades doivent être abattus sur place, » afin d'éviter les dangers de la dissémination possible de la contagion par leur déplacement.

Mais fallait-il imposer une obligation aussi rigoureuse pour l'abatage « des animaux qui ont été exposés seulement à la contagion » et qui actuellement ne sont pas encore susceptibles de la transmettre ?

On conçoit qu'autrefois cette nécessité se soit imposée, quand il fallait un long temps pour que les animaux contaminés pussent être conduits aux abattoirs des centres de consommation. Comme ils ne pouvaient y être amenés qu'à pied et par les routes traversant les communes, leur déplacement pour cette destination aurait constitué un moyen de propagation de la maladie : d'où la nécessité de l'abatage sur place, aussi bien des animaux contaminés que des animaux malades. Mais dans les conditions actuelles de viabilité des pays de l'Europe, il n'en est plus de même. La rapidité des moyens de transport, permet de bénéficier des quelques jours où les animaux restent encore en santé, après avoir été exposés à la contagion, pour les expédier vers les abattoirs des grandes villes, avant que leur maladie ait eu le temps d'éclore. Il est possible par des mesures de précaution qu'il appartient au règlement d'administration publique de prescrire, que cet abatage, qu'on peut appeler *économique*, soit exécuté sans danger du transport de la contagion, et au grand avantage de l'alimentation publique et des finances de l'État.

Tel est le but de la clause du deuxième alinéa de l'article 8, qui autorise « le transport en vue de l'abatage pour les animaux qui ont été seulement exposés à la contagion. »

Quant aux animaux des espèces ovine et caprine « qui ont été exposés à la contagion, » il est prescrit, par une dernière disposition de l'article 8, de les isoler, dans de certaines conditions que le règlement d'administration publique doit déterminer.

ART. 9.

Abatage pour des maladies autres que la peste bovine.

Le projet prévoit aussi que l'abatage doive être ordonné pour des maladies contagieuses autres que la peste bovine, dans des conditions qui sont déterminées pour chacune de celles auxquelles cette mesure doit être appliquée; car il s'agit, dans ces cas encore, de faire intervenir la puissance publique pour imposer, dans l'intérêt général, une restriction à l'usage du droit de propriété.

Tel est l'objet de l'article 9. La première prescription de cet article est que « dans le cas de morve constatée les animaux sont abattus. »

Pour la morve, en effet, la loi ne doit pas admettre de rémission; du moment qu'elle est constatée, il y a nécessité que l'animal soit abattu. Voici les raisons de cette détermination : d'abord la morve est contagieuse à l'homme et se traduit chez lui par des accidents presque fatalement mortels; en second lieu, elle est incurable; enfin, dernière considération, malgré sa gravité extrême, la lenteur de sa marche sous la forme chronique fait qu'elle reste compatible, dans l'espèce chevaline, avec la conservation des apparences générales de la santé et d'une assez grande aptitude pour le travail. En sorte que, quand on laisse vivre un cheval morveux, les chances sont nombreuses pour que son propriétaire l'utilise sur la voie publique, et expose ainsi à la contagion de son mal l'homme qui est préposé à le soigner et à le conduire et les chevaux avec lesquels, dans ses déplacements, il peut avoir des rapports directs ou indirects : rapports de contact dans les écuries communes et rapports médiats par l'usage d'objets communs tels que les éponges de pansage et les seaux d'abreuvement.

Aux termes des dispositions du premier alinéa de l'article 9, l'abatage doit encore être ordonné « dans les cas de farcin, de charbon et de péripneumonie contagieuse ; » mais ici la prescription n'est plus absolue comme pour la morve ; son exécution est subordonnée au degré de la maladie. Il faut qu'elle soit jugée incurable par le vétérinaire délégué, pour que la mesure de l'abatage devienne également applicable. Pour ces maladies qui ne sont pas incurables dans tous les cas, la loi doit laisser aux propriétaires des animaux la latitude de pouvoir bénéficier, si tel est leur désir, des chances de guérison qui peuvent exister. Il eût été excessif, en effet, de faire abattre une vache sur laquelle la péripneumonie revêt, comme cela se voit quelquefois, un caractère marqué de bénignité, ou un cheval qui n'a que quelques boutons farcineux, ou chez lequel le charbon se traduit par des tumeurs limitées, qu'une cautérisation pratiquée à temps peut fixer sur place et faire résoudre ensuite par une suppuration franche. Il était nécessaire, tout en prenant des précautions contre la contagion, que la loi s'accommodât avec ces formes morbides relativement bénignes, qui contre-indiquent l'application de mesures extrêmes.

Dans les cas où, d'après l'avis du vétérinaire délégué, les conditions paraissent exister pour que l'abatage doive être ordonné, conformément aux dispositions du premier alinéa de l'article 9, une clause introduite dans le deuxième réserve le droit de discussion du propriétaire. Elle lui laisse la faculté de demander à l'autorité administrative la nomination d'un tiers expert, lorsque l'avis du vétérinaire délégué n'est pas partagé par le vétérinaire en qui il a mis sa confiance, et que, conséquemment, des doutes peuvent exister soit sur la nature réelle du mal, soit sur sa gravité. En pareille circonstance, le sursis à l'abatage n'a aucun inconvénient, car l'isolement des animaux qui devraient être abattus d'après l'avis du vétérinaire délégué, constitue une garantie suffisante contre les dangers de la contagion, et rien ne doit s'opposer à ce que toutes facilités soient données au propriétaire pour qu'il puisse bien s'assurer que la destruction des animaux qui sont sa propriété n'est pas ordonnée légèrement.

La rage, à quelque espèce qu'elle s'attaque, est une maladie incurable pour laquelle la loi sanitaire doit se montrer inflexible, en raison des périls, qu'on peut appeler formidables, qu'elle fait courir à l'espèce humaine. Aussi le projet propose-t-il, par les deux derniers alinéa de l'article 9, de faire abattre sans délai tous les animaux chez lesquels cette maladie est constatée, et aussi les chiens et les chats qui en sont soupçonnés, c'est-à-dire pour lesquels il y a lieu de craindre que cette maladie leur a été inoculée par morsures d'un de leurs congénères enragé.

Cette dernière prescription peut, sans doute, paraître très-rigoureuse ; mais, toute rigoureuse qu'elle soit, elle est nécessaire, car c'est de son exécution que dépend, sinon la préservation absolue de l'espèce humaine, au moins la réduction, dans une très-forte mesure, du nombre des accidents rabiques, aujourd'hui si fréquents, dont les personnes de tout sexe et de tout âge sont victimes, par suite des morsures des chiens et des chats atteints de rage. Or, si la question de la spontanéité de la rage dans ces deux espèces n'est pas encore résolue et donne lieu à quelques dissentiments entre les hommes compétents, il est un point sur lequel leur accord est complet, c'est que dans l'étiologie de la rage, la part de la spontanéité est extrêmement réduite et que c'est par la contagion surtout que cette maladie s'entretient et se propage. Il faut donc s'attaquer à la contagion si l'on veut tarir sa source principale, sinon unique. C'est ce à quoi vise le projet en faisant ordonner, par le dernier alinéa de l'article 9, que « les chiens et chats soupçonnés de rage doivent être immédiatement abattus. »

Si la rage du chien avait une période d'incubation bien déterminée, ou tout au moins si les variations dans la durée de cette période restaient dans une limite de temps qu'elles ne dépasseraient jamais, comme six semaines ou deux mois, par exemple, il vaudrait mieux, sans doute, recourir à la séquestration des chiens suspects qu'à leur abatage, car, le temps de la séquestration écoulé, la garantie serait donnée que les dangers de l'explosion de la rage ne sont plus à craindre. Mais malheureusement il n'en est pas ainsi : la durée de la période de l'incubation de la rage chez le chien peut varier depuis huit jours jusqu'à huit mois, et au delà même; et en présence de cette incertitude qui rend impossible une séquestration sérieuse, le parti de l'abatage des chiens et des chats que l'on doit considérer comme suspects, parce qu'il y a lieu de craindre qu'ils aient été mordus, est le parti que l'humanité réclame. C'est à cette condition seule que la rage des animaux carnivores peut être refrénée et, conséquemment, que l'homme peut en être le plus possible préservé.

ART. 10.

Mesures relatives à la viande et aux débris des animaux atteints de maladies contagieuses.

Ce n'est pas seulement pendant la vie des animaux qu'il est nécessaire de prendre des mesures pour prévenir l'expansion des maladies contagieuses. Les propriétés virulentes inhérentes à la matière organique, dans ces maladies, ne s'éteignent pas immédiatement avec la vie, quoi qu'en dise un aphorisme proverbial qui fait « mourir le venin avec la bête. » Cette matière conserve encore son activité pendant un certain temps, en sorte que le cadavre pris en bloc, ou ses différentes parties, ou quelques-unes seulement, suivant la nature des maladies, peuvent servir de véhicules à la contagion et devenir les agents de sa transmission. De là la nécessité de prescrire des mesures législatives à l'égard des cadavres des animaux contagionnés et de ce qui en provient, soit pour empêcher qu'on ne les exploite, soit pour en régler l'exploitation, suivant la nature des maladies d'une part et, de l'autre, suivant ce que les circonstances locales peuvent permettre de faire.

Le projet de loi a formulé, dans ses articles 10, 11 et 12, ce qu'il convient que la loi prescrive dans ces différents cas.

Le premier alinéa de l'article 10 contient la défense expresse « de livrer à la consommation la viande des animaux morts de maladies contagieuses, quelles qu'elles soient, ou abattus comme atteints de la peste bovine, de la morve, du farcin, du charbon et de la rage. »

Cette interdiction a pour objet de préserver tout à la fois l'homme et les animaux des contagions qu'ils sont susceptibles de contracter respectivement, par l'intermédiaire des débris cadavériques. Ainsi, l'expérience a démontré que les viandes provenant des animaux affectés de la peste étaient inoffensives pour l'homme qui les manipulait ou s'en nourrissait, mais que transportées dans les fermes, jetées sur les fumiers, elles pouvaient devenir les moyens de la propagation de la maladie dont elles recélaient le principe.

Inversement, les viandes détachées des cadavres des animaux morveux ou farcineux ne sauraient être nuisibles aux animaux susceptibles de la morve et du farcin, au voisinage desquels elles peuvent être placées. Mais leurs manipulations exposent à des dangers l'homme qui les pratique lorsqu'il porte aux mains des blessures qui servent de chemins aux matières contagieuses, pour pénétrer dans les voies de la circulation.

Les débris des cadavres charbonneux peuvent être dangereux, par leur virulence, pour l'homme et pour les animaux; la question reste douteuse de savoir s'ils ne le seraient pas pour ceux-ci par leurs émanations.

Quant aux cadavres des animaux abattus pour cause de rage, à part la région de la tête, où le virus est localisé, ils pourraient être livrés à la consommation sans que ceux qui se nourriraient de leur viande eussent rien à en redouter, car elles sont exemptes de tout principe virulent, l'inoculation expérimentale l'a démontré. Mais il faut faire la part, dans l'espèce humaine, de l'imagination et de ses terreurs. Si inoffensive que soit, par elle-même, la viande provenant d'un animal abattu comme enragé, son usage pourrait donner lieu, chez des personnes impressionnables, à la manifestation de troubles morbides d'une grande gravité, quoiqu'ils n'eussent d'autre point de départ qu'une idée sans fondement.

Rien de mieux justifié, on le voit par ces quelques considérations, que la prohibition inscrite dans le premier alinéa de l'article 10.

Le deuxième ordonne « l'enfouissement des cadavres ou débris des animaux morts de la peste bovine, ou abattus comme atteints de cette maladie, » après que « la peau aura été tailladée, » dans le but de détruire sa valeur commerciale et d'éviter qu'on la déterre pour en trafiquer.

L'enfouissement est le moyen le plus pratique, dans la plupart des pays, de détruire les matières organiques et de les rendre inoffensives à tous les points de vue : contagion et putréfaction.

Le projet de loi propose de le prescrire comme mesure générale, qui peut être partout appliquée pour les cadavres ou débris de cadavres des animaux morts de la peste ou abattus comme atteints de cette maladie. Il eût été dangereux, en effet, au point de vue de la propagation de la peste, de permettre l'usage alimentaire des viandes provenant de ces derniers.

Mais si l'enfouissement est une mesure partout applicable, l'industrie de l'équarrissage, dans les localités où elle est établie, peut donner à l'action sanitaire et à l'hygiène publique un très-important concours, par la rapidité de ses procédés et la sûreté de leurs effets au point de vue de la destruction des matières contagieuses.

Ce concours doit être mis à profit partout où il est possible, car l'industrie de l'équarrissage a, sur l'enfouissement, ce double avantage d'être plus expéditive que lui dans ses résultats sanitaires, et d'exploiter utilement des matières qui sont complétement perdues quand on les livre à la terre pour y être consumées.

Aussi le projet de loi prescrit-il d'envoyer de préférence les cadavres des animaux atteints de peste bovine aux ateliers d'équarrissage, en laissant au règlement administratif le soin d'indiquer les mesures de précaution qu'il convient de prendre pour éviter la dissémination de la contagion sur les routes.

ART. 11.

Mesures relatives
à l'utilisation
des viandes
des animaux
exposés
à la contagion
de la peste bovine.

S'il était nécessaire de faire détruire les cadavres des animaux morts de la peste bovine, ou abattus comme atteints de cette maladie, par contre c'eût été aller au delà des limites que la sécurité publique commande d'atteindre que d'interdire l'usage alimentaire des viandes d'animaux qu'on a dû abattre, non pas comme malades, mais parce qu'ils ont été exposés à la contagion, et que, par ce fait, ils sont voués presque fatalement à la maladie. Les animaux tués dans de telles conditions sont dans un état absolu de saincté au point de vue hygiénique, et il n'y a rien à redouter de l'usage et du transport de leurs viandes au point de vue de la contagion, puisque aucune manifestation morbide ne s'était encore produite au moment où leur abatage a été exécuté comme mesure préventive. L'interdiction de l'usage de leurs viandes serait donc absolument inutile comme mesure sanitaire, et elle aurait le grave inconvénient, en privant l'alimentation publique d'une ressource considérable, d'augmenter, pour le Trésor, la charge déjà très-lourde par elle-même de l'indemnisation. Le projet de loi prévient ces conséquences en proposant, par son article 11, que la loi permette l'usage alimentaire des viandes « des animaux abattus comme ayant été exposés à la contagion de la peste bovine, » sous la seule garantie que « leurs peaux et abats ne puissent être sortis du lieu de l'abatage qu'après avoir été désinfectés. »

Cette clause est relative à l'abatage des animaux contaminés dans les localités infectées et concordante avec celle de l'article 8 « qui autorise le transport, en vue de l'abatage, de ceux qui ont été exposés seulement à la contagion. »

ART. 12.

Mesures relatives
à
l'utilisation
des cadavres
des
animaux
atteints
de maladies
contagieuses.

Le projet de loi propose, dans l'article 12, de faire « statuer par le *règlement d'administration* publique sur les conditions auxquelles pourra être permise l'utilisation des cadavres ou débris des animaux morts de maladies contagieuses, ou abattus comme atteints de ces maladies. » Le règlement pouvait, en effet, seul s'accommoder aux prescriptions diverses que comportent les différentes maladies contagieuses à leurs différents degrés.

ART. 13.

Mais il ne fallait pas qu'on pût arguer de ce que, dans certains cas, la vente des viandes des animaux abattus comme malades peut être autorisée, pour livrer ces viandes à la consommation alors qu'elles auraient éprouvé des altérations qui les rendraient impropres à cet usage. Aussi le projet propose-t-il d'inscrire dans l'article 13 la stipulation qui rappelle que « dans tous les cas où la vente pour la boucherie est autorisée, il n'est pas dérogé à la loi des 27 mars et 1ᵉʳ avril 1851, sur la répression de certaines fraudes dans la vente des marchandises. »

ART. 14.

Les mesures édictées dans les articles qui précèdent arment l'autorité administrative des pouvoirs suffisants pour qu'elle puisse exercer son action sur les particuliers; les obliger à lui donner un concours efficace; restreindre leur droit de propriété; en réglementer l'exercice, ou même en faire détruire les objets, suivant ce que la nature des choses commande de faire pour la sauvegarde des intérêts publics.

Dans les limites du champ où ces mesures doivent être appliquées, l'expérience a démontré que si on sait les faire exécuter, elles sont parfaitement efficaces. Mais lorsque les épizooties contagieuses sont très-envahissantes, comme la peste bovine, l'autorité administrative ne se trouverait pas suffisamment armée pour les combattre, si elle ne pouvait pas recourir à d'autres moyens de les refréner que ceux que la loi met à sa disposition dans la série des articles qui viennent d'être successivement examinés et interprétés.

D'autres sont nécessaires, d'un caractère plus général, par l'intermédiaire desquels l'autorité puisse avoir prise sur les communautés et leur imposer, à elles aussi, des obligations restrictives de leurs droits et de leurs libertés, quand la sécurité du pays le réclame.

Ces mesures générales, le projet propose que la loi délègue au pouvoir exécutif le droit de les prendre, et il fait, dans son article 14, l'énumération des plus importantes, afin d'affirmer ce droit d'une manière très-précise et que cette affirmation législative lui donne une sorte de toute-puissance dictatoriale, nécessaire souvent pour sauver les richesses agricoles du pays des périls qui viennent les menacer.

Aux termes de cet article, l'autorité administrative a le droit de prescrire l'isolement, la séquestration, la visite des animaux et des troupeaux, leur dénombrement et leur marque dans les localités infectées, afin de pouvoir toujours se rendre un compte exact de leur effectif, et exercer ainsi une surveillance qui s'oppose à ce qu'aucun des animaux de ces localités ne puisse en être distrait, sans sa permission.

Elle peut interdire les localités infectées, de manière à en fermer les accès à tous les animaux susceptibles de la contagion qui y règne.

Les grands mouvements d'animaux des différentes espèces, dont les foires et marchés sont la cause; les rapports étroits de contact ou de rapprochement qui peuvent s'établir entre eux, dans les lieux ou sur les champs où se tiennent ces rassemblements, constituent des conditions extrêmement favorables à la propagation des maladies contagieuses quelles qu'elles soient. Il faut que l'autorité administrative ait le droit, ou d'interdire les marchés et les foires pendant tout le temps que peut l'exiger la sécurité du pays dans lequel des foyers de contagion se sont allumés, ou, tout au moins, de soumettre le transport et la circulation des bestiaux à des conditions telles, que la diffusion des maladies contagieuses existantes puisse être prévenue. L'article 14 délègue à l'autorité le droit de prendre ces mesures.

Mais les contagions ne s'entretiennent pas seulement par les animaux malades; ces animaux laissent des germes plus ou moins vivaces partout où ils ont séjourné, partout même où ils n'ont fait que passer : dans les écuries, les étables, les bergeries, dans les pâturages, dans les véhicules qui ont servi à leur transport et, tout particulièrement, dans les wagons des chemins de fer. Les objets à l'usage des animaux malades peuvent aussi être imprégnés de matières virulentes. Ce sont là autant de conditions pour que les foyers de contagion se rallument, quand des animaux sains sont exposés à recueillir des germes morbides dans des lieux où des malades les ont précédés.

Cette question de la rénovation possible des foyers contagieux doit être le grand souci de l'autorité administrative, partout où une contagion a passé.

L'article 14 investit l'autorité du droit de faire exécuter la désinfection des lieux où ont séjourné des animaux malades : écuries, étables, bergeries, enclos, voire aussi pâturages, par l'enfouissement des matières excrémentielles que les animaux y ont laissées; et ce droit peut aller jusqu'à faire détruire les objets à l'usage des animaux ou qui ont été souillés par eux. Mais toutes les mesures édictées par les autorités locales pourraient rester vaines ou n'avoir que des résultats éphémères si l'on n'empêchait pas la dissémination des germes contagieux, surtout par les wagons de chemins de fer qui servent au transport des animaux des différentes espèces. L'expérience a démontré, en effet, que c'était surtout par leur intermédiaire que les différentes contagions animales étaient répandues aujourd'hui à de grandes distances et sur de grandes surfaces.

Le projet de loi propose, par l'une des clauses de l'article 14, d'attribuer à l'autorité administrative le droit d'ordonner la désinfection permanente par les compagnies de chemins de fer et par les autres agents de transport, des véhicules servant au transport des animaux des différentes espèces, en laissant au réglement d'administration publique le soin des détails de l'application de cette mesure.

Enfin, pour tout prévoir, l'article 14, dans un paragraphe dernier, investit, d'une manière générale, l'autorité du droit « de prendre toutes les mesures que la crainte de l'invasion ou de l'existence d'une maladie contagieuse peut rendre nécessaires. »

Grâce à cette latitude, qui adapte la loi à toutes les éventualités, l'autorité peut être toujours prête à combattre toutes les contagions, d'où qu'elles viennent et sous quelque forme qu'elles se présentent, et à bénéficier, dans cette lutte, des progrès que la science et la pratique peuvent réaliser.

TITRE II.

IMPORTATION DES ANIMAUX.

—

ART. 15.

La rapidité des communications entre les différents pays de l'Europe et la liberté des transactions commerciales ont déterminé, vers la France, un courant considérable d'importation des animaux domestiques, principalement de ceux qui appartiennent aux espèces alimentaires ; et ce mouvement, si remarquablement supérieur par son activité à ce qui avait lieu sous le régime économique des époques antérieures, est destiné sans doute à augmenter encore. De là des chances accrues d'introduction sur notre territoire des maladies contagieuses que les animaux domestiques sont susceptibles de contracter ; de là aussi la nécessité de se mettre le plus possible en défense contre ce danger, « en soumettant en tout temps, aux frais des importateurs, à une visite sanitaire, au moment de leur entrée en France, les animaux des espèces chevaline, asine, bovine, ovine, caprine et porcine. » C'est ce que propose le projet de loi par le premier paragraphe de son article 15.

Cette mesure, déjà mise en vigueur par un arrêté ministériel, pour les espèces de boucherie, ne doit pas avoir seulement pour résultat de permettre d'arrêter au passage les animaux sur lesquels on constaterait les symptômes d'une des maladies contagieuses inscrites dans la loi ; un autre avantage, et de plus grande importance, s'y attache : celui de transformer les expéditeurs, pour ainsi dire en auxiliaires de notre service sanitaire ; car, leurs intérêts les obligeant aujourd'hui à surveiller les animaux qu'ils destinent à l'importation en France, ils doivent se mettre en garde contre les maladies contagieuses qui seraient un empêchement à ce que les convois qu'ils expédient fussent admis librement. L'institution de la visite sanitaire aux frontières doit donc être doublement efficace ; et même à tel point, par son influence à distance, qu'il peut arriver que la rareté des cas que les inspecteurs sanitaires auront à constater puisse la faire paraître inutile. Mais cette rareté même témoignera de son efficacité ; une mesure de police est d'autant meilleure que son action préventive réduit davantage le champ dans lequel son action répressive est appelée à s'exercer.

Le projet de loi propose que la visite sanitaire, au lieu d'être accidentelle comme elle l'était autrefois, dans les cas où une épizootie contagieuse devenait menaçante aux frontières, soit permanente pour les animaux des espèces chevaline, asine, bovine, ovine, caprine et porcine. Cette prescription, qui répond à une nécessité absolue, a, en outre, l'avantage de constituer pour notre pays une garantie vis-à-vis de ceux avec lesquels notre commerce d'exportation du bétail était très-considérable, avant que la crainte des contagions ait déterminé leurs gouvernements à recourir à des mesures restrictives qui équivalent presque à des prohibitions.

Mais si la visite sanitaire n'est instituée par le projet d'une manière permanente que pour un certain nombre d'espèces, le deuxième paragraphe de l'article 15 réserve à l'Administration le pouvoir de « l'appliquer aux animaux des autres espèces, lorsqu'il y a lieu de craindre, par suite de leur introduction, l'invasion d'une maladie contagieuse ; » en sorte que toutes les éventualités sont ainsi prévues et que, dans tous les temps et pour toutes les espèces, la garantie de la visite sanitaire pourra être assurée toutes les fois que les circonstances l'exigeront.

ART. 16.

Fixation
des bureaux
de douane et
des ports
ouverts
à l'importation.

Le projet de loi spécifie par son article 16 qu'il appartient au pouvoir exécutif de fixer par un décret « les bureaux de douane et ports de mer ouverts à l'importation des animaux soumis à la visite. »

Cette détermination est nécessaire pour que l'Administration puisse établir dans ces bureaux et dans ces ports le service sanitaire que comporte la visite à laquelle la loi exige que les animaux des espèces qu'elle a désignées soient soumis d'une manière permanente.

ART. 17.

Pouvoirs donnés
au
Gouvernement
pour
empêcher l'importation
des maladies
contagieuses.

L'article 17 donne au Gouvernement tout pouvoir pour prendre les mesures propres à empêcher l'introduction en France des maladies contagieuses des animaux. Aux termes de cet article, il peut ordonner : « la prohibition d'entrée ou la mise en quarantaine de tout ce qui, animaux ou objets quelconques, est susceptible d'importer une maladie contagieuse. »

Mais il y a des cas où ces mesures, loin de répondre aux nécessités des choses, pourraient devenir une condition de la propagation des maladies contre l'invasion desquelles on se propose de se mettre en garde. Ainsi, par exemple, si l'on avait affaire à la peste bovine, il y aurait grande imprudence à séquestrer sur la frontière, dans des lieux de quarantaine, des animaux déjà atteints ou même seulement menacés de cette maladie. Ce serait établir un foyer de contagion à proximité de la route que doivent suivre les animaux destinés à l'importation en France, et ceux-ci pourraient par là devenir les agents propagateurs du mal dont ils auraient reçu le germe au passage.

D'autre part, pour une maladie de cette nature, notre service sanitaire ne pourrait pas se borner seulement à fermer la barrière aux animaux sur lesquels on l'aurait constatée ou qu'on saurait provenir de pays infectés, et à les faire rétrograder au delà de notre frontière, car on ferait ainsi courir aux pays limitrophes le danger de l'infection par la maladie dont ces animaux seraient actuellement atteints ou dont ils pourraient renfermer le germe.

Un seul parti, en pareil cas, reste donc à prendre aux noms des intérêts généraux, c'est de faire abattre à la frontière les animaux malades et ceux qui ont été exposés à la contagion.

D'autres maladies, comme la péripneumonie, la clavelée, le charbon, la morve, peuvent aussi nécessiter l'abatage, tout au moins des animaux malades qu'il y aurait danger à mettre en quarantaine et qui ne peuvent être repoussés, par cela même qu'ils portent avec eux une contagion redoutable.

C'est en prévision de ces nécessités que l'article 17 arme le Gouvernement du droit de prescrire l'abatage des animaux présentés à la frontière, quand cette mesure sera commandée par la nature des maladies dont ils pourront être atteints, laissant au règlement d'administration publique le soin de déterminer dans quels cas, pour chaque maladie, cette mesure doit être appliquée.

Mais malgré la dépossession forcée qui résultera de l'abatage exécuté à la frontière sur les animaux atteints d'une maladie contagieuse redoutable, le projet de loi stipule qu'aucune indemnité ne sera accordée. En reconnaître le principe, c'eût été offrir une sorte de prime à l'importation des animaux malades, tandis que, au contraire, la clause de l'abatage sans indemnité, ne peut manquer d'avoir cette heureuse conséquence, au point de vue sanitaire, que les importateurs surveilleront leurs expéditions et prendront toutes les précautions nécessaires pour éviter de diriger vers nos frontières des animaux qu'ils s'exposeraient à perdre en totalité, si le service sanitaire constatait en eux l'existence d'une des maladies pour lesquelles la loi prévoit la nécessité de l'abatage et en prescrit l'exécution.

Enfin l'article 17 arme le Gouvernement d'une sorte de pouvoir dictatorial en l'investissant du droit « de prendre toutes les mesures que la crainte de l'invasion d'une maladie contagieuse rendrait nécessaires. » La loi ne saurait, en effet, tout préciser en pareille matière, et il était bon qu'elle fît la part de l'imprévu, en donnant d'avance le caractère de la légalité aux mesures non stipulées par elle, dont l'application pourrait être rendue urgente par l'imminence d'un grand danger,

TITRE III.

INDEMNITÉS.

L'abatage, pour cause de maladies contagieuses, est appliqué par la loi actuellement en projet dans les circonstances suivantes :

« Si la maladie constatée est la peste bovine, l'abatage est ordonné pour tous les animaux malades et tous ceux de l'espèce bovine qui ont été exposés à la contagion (art. 8) ;

« Si c'est la morve, pour tous les animaux malades ;

« Si c'est la rage, pour tous les animaux malades dans toutes les espèces, et pour les chiens et les chats soupçonnés, c'est-à-dire qui ont été exposés à être mordus;

« Si c'est le farcin, le charbon et la péripneumonie contagieuse, l'abatage n'est ordonné que dans les cas d'incurabilité reconnue (art. 9). »

Enfin, aux termes de l'article 17, le Gouvernement peut, à la frontière, prescrire l'abatage d'animaux malades ou ayant été exposés à une contagion.

Dans ces différentes circonstances, la puissance publique intervient, de par la loi sanitaire, et ordonne, pour cause de sécurité publique, la destruction d'une propriété représentée par un animal.

Il semble, à première vue, que cette destruction, exécutée dans de telles conditions et pour un tel motif, devrait constituer, pour le propriétaire, un droit à être indemnisé proportionnellement à la valeur des animaux dont l'abatage est exécuté.

Cette manière de voir a des partisans. Ceux qui la soutiennent croient pouvoir arguer des principes qui servent de base à la loi *d'expropriation pour cause d'utilité publique,* en établissant entre les choses des assimilations que rien ne légitime; et ils invoquent, en outre, cette raison toute pratique que l'indemnité, pour cause d'abatage, serait la meilleure manière de pactiser avec les intérêts particuliers, toujours impatients de la contrainte de la loi et habiles à s'y soustraire.

Sans doute qu'à la considérer de ce dernier point de vue, l'indemnité constituerait un moyen de faciliter l'application des mesures sanitaires à toutes les maladies. Mais il y a une question supérieure à celle-là qui doit d'abord être examinée ici : celle de la justice.

En droit, l'indemnité est-elle due, lorsqu'on fait abattre un animal devenu nuisible, et dont l'usage a cessé d'être licite, par cela même qu'il est nuisible ? Évidemment non, et pour deux raisons principales : d'abord, parce que l'État, quand il commande cette destruction, exerce un droit de légitime défense, au nom des intérêts publics dont la sauvegarde lui est confiée; et, en second lieu, parce que la valeur de l'animal, dont l'abatage est nécessité par sa maladie, est devenue nulle absolument. Que vaut un cheval morveux ? Rien quand il est vivant, moins que rien même, puisqu'il dépense sans qu'il y ait possibilité qu'il soit productif, son usage étant prohibé par la loi. Que vaut une vache péripneumonique incurable? Rien quand elle est vivante; morte, le peu que représente sa viande pour la basse boucherie. L'abatage, dans ces cas, ne cause donc aucun tort. Pour les animaux enragés, pour les charbonneux incurables, valeur nulle pendant la vie, et, après la mort, la seule qu'ils aient est celle de l'équarrissage, que l'abatage permet de réaliser.

Au point de vue de la justice donc, rien, quand l'abatage est ordonné pour ces maladies, rien ne saurait motiver et surtout justifier l'indemnité.

Maintenant, si l'indemnité a l'avantage, en principe, de rendre plus facile l'exécution de l'abatage, s'ensuit-il que, pour la répression de la contagion des maladies indigènes, la loi sanitaire deviendrait plus sûrement efficace par l'adoption de cette mesure dans tous les cas? Cela est douteux, et voici pourquoi : Il y aurait à craindre que l'indemnité accordée toutes les fois qu'une maladie contagieuse quelconque nécessiterait l'abatage par ordre, ne devînt, pour un trop grand nombre de propriétaires, comme une sorte de prime d'encouragement à se départir de tous soins préventifs contre la contagion. Déjà, dans l'état actuel des choses, beaucoup de propriétaires ne savent pas se garantir, quelques-uns par incurie, les autres par suite de leur ignorance qui les fait subir leur mal sans qu'ils tentent rien pour le conjurer.

Si leur propre intérêt ne leur est pas un stimulant suffisant à faire quelques efforts pour éviter les pertes que les contagions leur font éprouver, que serait-ce donc si la *providence* de l'État se chargeait de réparer ces pertes par une indemnité, toutes les fois que la contagion, qu'ils laissent faire, nécessiterait quelque exécution dans leurs étables ou dans leurs écuries? Tout souci disparaîtrait pour eux, et ils laisseraient au mal d'autant plus de liberté pour se répandre, que, en définitive, le dommage qu'ils en ressentiraient se trouverait, grâce à l'aide du Trésor public, singulièrement réduit. On reconnaît aujourd'hui, avec un accord qu'on peut dire unanime, que c'est surtout par la contagion que la morve s'entretient et se propage dans une agglomération de chevaux. Que la loi accorde une indemnité pour tous les cas de morve constatée, lesquels, d'après ses prescriptions, doivent entraîner l'abatage, et les probabilités sont bien grandes que cette mesure ira contre son intention, parce que les dommages causés par la morve ne devant plus alors se traduire que par une perte en argent considérablement réduite, on cessera de se mettre autant en garde contre elle que lorsque les pertes qu'elle causait étaient entières et pouvaient aller jusqu'à la ruine.

Rien ne légitime donc l'indemnité dans les cas d'abatage ordonné pour cause d'une maladie contagieuse indigène. En droit, elle n'est pas justifiée, et en pratique, tout tend à faire admettre que cette indemnité irait contre son dessein, en favorisant la contagion plutôt que d'être un moyen de la refréner.

En est-il de même pour la peste bovine?

Si l'on ne considère les choses qu'au point de vue exclusif du droit, on est parfaitement autorisé à dire que, en principe, l'État ne doit pas plus une indemnité aux propriétaires, quand il fait exécuter l'abatage pour cause de cette maladie que pour aucune autre. Somme toute, l'animal atteint de la peste bovine est devenu un animal nuisible, et il n'a plus aucune valeur, car l'intérêt public défend de faire livrer ses viandes à la consommation, de peur qu'elles ne disséminent la maladie, et il est condamné presque fatalement à mourir dans un délai très-prochain. Donc, quand on le détruit pour cause d'utilité ou, pour parler plus exactement, de sécurité publique, on ne cause pas à son propriétaire un dommage réel. Cette destruction n'est qu'une anticipation de quelques jours, profitable plutôt que nuisible, sur ce que la mort naturelle doit accomplir.

Mais la sécurité publique exige que l'on abatte aussi les animaux, actuellement encore en santé, qui ont été exposés à la contagion. Est-ce que les besoins de cette sécurité ne font pas subir au propriétaire une perte dont on lui doit la réparation? A considérer les choses dans la réalité, l'abatage ordonné en pareil cas est plutôt conservateur de la propriété que destructeur; car l'animal contagionné est voué, on peut dire, presque fatalement à la maladie, et dans un très-court délai; c'est-à-dire que presque fatalement il va perdre sa valeur comme bête de boucherie, si on le laisse vivre; tandis que, lorsqu'on le tue avant l'éclosion du mal, le propriétaire a la possibilité de réaliser, par la vente pour la boucherie, toute la valeur qu'il représente encore pendant le peu de temps qui lui reste à vivre avant que la maladie n'éclate.

Il n'est donc pas exact de dire que, quand on fait abattre par ordre un animal contagionné de la peste, on cause au propriétaire une perte dont on lui doit réparation par une indemnité. L'animal qu'on a fait abattre dans ces conditions n'a qu'une valeur qu'on peut dire éphémère, destinée à disparaître au bout de quelques jours, quand on le laisse vivre La mort par ordre sauve cette valeur de la destruction que causerait inévitablement la mort naturelle, si on la laissait venir.

La loi projetée propose cependant que, pour la peste bovine, il soit dérogé aux principes qui viennent d'être exposés et « qu'une indemnité soit allouée aux propriétaires des animaux abattus par ordre de l'autorité pour cause de cette maladie. » Mais, dans la pensée du projet, cette indemnité n'est pas accordée à titre de compensation de la valeur des animaux dont l'abatage a dû être ordonné pour une nécessité d'intérêt général : elle ne constitue qu'un moyen, et le seul sur lequel on puisse compter, de donner à l'autorité la puissance et la liberté d'action qui lui sont nécessaires pour qu'elle puisse éteindre sans retard et sans entraves tous les foyers de contagion de la peste bovine, par le procédé reconnu le plus efficace depuis longtemps et dans tous les pays : l'abatage sans rémission de tous les animaux malades et de tous ceux qui, ayant été exposés à la contagion, sont voués à la maladie, presque sans aucune exception, dans nos climats et avec nos races.

Les raisons dominantes qui légitiment ce procédé sommaire et en commandent impérieusement l'application sont, d'une part, ce que l'on peut appeler l'*exoticité* de la peste bovine; de l'autre, sa gravité extrême, qui fait que, sur nos races, le nombre des morts équivaut presque complétement à celui des malades; et enfin, l'énergie et la subtilité de la puissance contagieuse de cette maladie : telles qu'un seul animal peut suffire, et dans un temps très-rapide, à l'infection de tout un pays, lorsqu'on n'oppose pas à l'envahissement de la contagion les mesures les plus rigoureuses et le plus rigoureusement observées.

Ne se manifestant dans notre pays que lorsqu'elle y a été importée; ne pouvant s'y entretenir que par la contagion et disparaissant toujours quand la contagion ne trouve plus où se prendre, la peste bovine peut toujours être combattue avec succès; et la réussite de la lutte contre elle est d'autant plus assurée qu'elle est plus tôt entreprise et avec plus d'énergie. Mais il faut pour cela que les intérêts particuliers ne soient pas déterminés, par la crainte d'être lésés, à opposer des résistances à l'action de l'autorité et à la contrecarrer, en dérobant à sa surveillance les faits qu'elle doit connaître pour atteindre le mal partout où il est, et faire immédiatement tout ce qui est nécessaire pour l'étouffer avant qu'il ait eu le temps de s'étendre.

Or, l'expérience de tous les temps et de tous les pays a démontré que lorsqu'il s'agit d'appliquer une mesure aussi énergique que l'abatage, non-seulement des animaux malades, mais aussi de ceux qui sont encore en plein état de santé apparente, l'autorité ne pouvait y réussir qu'autant que les populations donnaient leur assentiment à son exécution, et que cet assentiment ne pouvait être obtenu que par une indemnité suffisante. Les arrêts si sévères de l'ancienne législation sont demeurés impuissants, malgré la gravité des châtiments infligés contre la rébellion, devant les résistances des propriétaires ; et ces résistances, contre lesquelles n'avaient pu prévaloir l'occupation militaire et toutes ses énergies, ont cédé devant une indemnisation qu'un ordre exprès du roi, en 1776, dut élever jusqu'à la valeur totale des bêtes sacrifiées, pour qu'elle fût efficace.

Aujourd'hui comme autrefois, sans indemnité, pas d'abatage possible dans la mesure et avec la rapidité que la nature des choses exige ; et sans abatage, certitude presque absolue que toutes les autres mesures qu'on essayera contre la propagation de la peste demeureront sans effet.

Il était donc absolument nécessaire qu'une indemnité fût allouée aux propriétaires d'animaux pour cause de peste bovine, afin que cette maladie pût être combattue par le seul moyen que l'expérience ait démontré efficace contre ses envahissements si prompts et toujours si ruineux, quand on ne sait pas s'en rendre maître.

ART. 18.

Étant admise l'indemnité comme condition nécessaire de l'application possible des mesures rigoureuses qu'il faut exécuter pour que la peste bovine soit étouffée rapidement dans ses foyers et ne puisse pas en irradier, le projet de loi propose, par son article 18, qu'elle soit réglée de la manière suivante :

Fixation du taux
de l'indemnité
suivant les cas.

« La moitié de la valeur des animaux avant la maladie, s'ils en sont reconnus atteints ;

« Les trois quarts, s'ils ont été seulement exposés à la contagion. »

Le motif de cette distinction, qui n'a pas été faite par la loi du 11 juin 1866, est de déterminer les propriétaires à faire le plus tôt possible leur déclaration au maire de leur commune.

Quand le taux de l'indemnité est le même pour les malades et pour les animaux qui n'ont été que contagionnés, les propriétaires peuvent considérer comme sans conséquence de différer d'un jour, de deux, de trois, la déclaration de l'existence de la maladie dans leurs étables. Mais lorsqu'ils sauront que, pour chaque bête qu'ils laisseront devenir malade, ils perdront un tiers de la valeur de l'indemnité que la loi accorde pour chaque animal abattu encore en santé, ils seront stimulés, par la crainte de cette perte, à mettre plus d'empressement à remplir cette obligation de la déclaration que l'article 3 du projet leur impose.

La clause du dernier alinéa de l'article 18 fixe pour l'indemnité des limites maximum : 400 francs pour les animaux malades et 600 francs pour les autres.

Cette disposition conservatrice des intérêts du Trésor public était nécessaire pour modérer les prétentions des propriétaires et la libéralité à laquelle les experts ont souvent de la tendance à se laisser aller, sous la pression des influences diverses qu'ils subissent, et en particulier celle de l'apitoiement pour les grands dommages que cause la maladie.

La fixation d'une limite maximum du taux de l'indemnité atteint aussi ce résultat, d'empêcher de faire entrer en ligne de compte, dans l'estimation des animaux, aucune autre considération que celle de leur valeur pour la boucherie. Le principe de l'égalité doit dominer ici, parce que l'indemnité n'est qu'une mesure sanitaire édictée pour la sauvegarde des intérêts généraux, et non pas une mesure de réparation des dommages individuels. Il n'y a donc pas à prendre en considération, en se plaçant à ce point de vue, les prix souvent très-élevés que représentent les animaux reproducteurs.

Leur grande valeur disparaît devant la maladie, et l'état ne peut les compter que comme des unités dans le chiffre des animaux dont la sécurité publique exige l'abatage.

Ces considérations s'appliquent également aux animaux précieux des jardins de zoologie et d'acclimatation. Quelle que soit leur valeur comme raretés zoologiques, la limite maximum de l'indemnité fixée par la loi ne doit pas plus être dépassée pour eux que pour les autres.

ART. 19.

L'article 19 trace les règles qui doivent être suivies, dans l'estimation, pour que les intérêts en présence soient garantis : deux experts doivent être nommés pour les représenter respectivement, l'un par le maire, l'autre par la partie intéressée. Mais comme il y a urgence, l'expert nommé par le maire opère seul, quand la partie a négligé de désigner le sien.

La loi prescrit qu'un procès-verbal de l'expertise soit dressé comme pièce nécessaire de la comptabilité publique, et elle donne au maire et au vétérinaire délégué la mission de les contre-signer en donnant leur avis. Cette dernière prescription, dont les experts connaîtront l'existence, peut être très-utile pour les empêcher de se laisser aller à l'exagération dans leurs estimations et pour fournir les éléments de la révision dont ces estimations pourront être l'objet, lorsqu'il résultera des observations, soit du maire, soit du vétérinaire délégué, et à plus forte raison de tous les deux à la fois, que les experts se sont trompés, au détriment du Trésor, sur la valeur des animaux estimés.

C'est en vue de ce contrôle que, dans le dernier alinéa de l'article 19, se trouve prévue la création possible des commissions administratives qui peuvent être appelées à réviser les estimations faites d'après le mode indiqué dans les alinéas précédents.

ART. 20.

L'article 20 considère le cas où les animaux abattus seulement comme conta-gionnés et exploités comme animaux de boucherie, rapporteront à leurs pro-priétaires, par la vente de leurs viandes et de leurs débris, une somme qui excé-dera le quart de leur valeur d'estimation, c'est-à-dire la portion de cette valeur qui est laissée à la charge du propriétaire, puisque l'indemnité n'est que des trois quarts.

En pareil cas, la loi stipule que cette indemnité, due par l'État, sera réduite de cet excédant.

Cette disposition est essentiellement conservatrice des intérêts du Trésor, car elle peut avoir pour résultat, dans un grand nombre de cas, une réduction très-importante du chiffre de l'indemnité.

Les chances sont nombreuses, en effet, quand les animaux sont en bon état, pour que les prix réalisés par la vente de boucherie donnent un produit qui dépasse, et dans une forte mesure, le quart de la valeur fixée par l'estimation.

ART. 21.

L'article 21 réserve au Ministre de l'agriculture et du commerce le droit de fixer l'indemnité d'après les résultats de l'expertise. Le Ministre ayant seul qua-lité pour engager les finances de l'État, c'est à lui qu'il appartient d'arrêter le montant de l'indemnité qui entraîne une dépense publique.

Le deuxième paragraphe de cet article impose comme obligation aux ayants droit une limite de temps, au delà de laquelle la demande d'indemnisation ne sera plus recevable.

Il est nécessaire, en effet, dans l'intérêt des deniers publics, que l'adminis-tration soit saisie assez tôt des demandes d'indemnité pour qu'elle puisse en faire vérifier la légitimité et contrôler, au besoin, par une enquête les évalua-tions des experts.

ART. 22.

L'article 22 du projet prévoit la possibilité de la perte de l'indemnité pour cause d'infraction aux dispositions de la loi. Cette clause comminatoire, dont l'exécution est subordonnée, d'après la teneur de l'article, à la nature des in-fractions, a pour but de stimuler les propriétaires à remplir leurs obligations, en prenant par leurs intérêts ceux d'entre eux qui viendraient à compromettre les intérêts publics par l'inobservation ou la violation des mesures légales pro-pres à les préserver. N'est-il pas juste, par exemple, de priver de toute indem-nité, sans préjudice des autres peines encourues, celui qui, au mépris de toutes les défenses, a fait sortir d'une localité interdite des animaux contaminés pour les vendre dans une localité indemne de maladie. Il serait dérisoire, en pareil cas, de faire contribuer le Trésor public à indemniser des particuliers dont les infractions auraient eu pour conséquence d'augmenter ses charges par l'extension de la maladie sur un plus grand nombre de têtes, donnant droit à autant d'indemnités nouvelles.

ART. 23.

Recours au Conseil d'État.

Aux termes de l'article 23, le droit de statuer sur toutes les demandes d'indemnité est réservé au Ministre de l'agriculture et du commerce; mais les parties peuvent recourir au Conseil d'État dans les cas où les décisions du Ministre ne leur paraîtront pas conformes à ce qu'elles croiront être leur droit.

TITRE IV.

PÉNALITÉS.

Pour les pénalités qu'il propose d'édicter, le projet de loi s'en réfère au Code pénal, sauf pour les cas que ce code n'a pas prévus.

ART. 24.

Peines infligées par le Code pénal.

D'après l'article 24 du projet, l'infraction aux dispositions de son article 3 entraîne les peines infligées, pour le même fait, par l'article 459 du Code pénal.

ART. 25.

Spécification des cas où l'article 460 du Code pénal est applicable.

L'article 25 propose de punir des peines édictées par l'article 460 du même code ceux dont les infractions sont de nature à favoriser l'extension des maladies contagieuses.

Ces infractions sont énumérées dans trois alinéas, afin que ceux qui pourraient se laisser aller à les commettre sachent les peines qu'ils encourent :

« Laisser des animaux infectés communiquer avec des animaux sains, contrairement aux ordres donnés par l'autorité;

« Déterrer ou acheter, sans permission de l'autorité, des cadavres ou débris d'animaux morts de maladies contagieuses quelles qu'elles soient, ou abattus comme atteints de la peste bovine, du charbon, de la morve, du farcin et de la rage;

« Importer en France, même avant le décret d'interdiction, mais avec connaissance de cause, des animaux atteints de maladies contagieuses ou qui ont été exposés à la contagion. »

Voilà les infractions prévues par la loi, qui peuvent être causes que les maladies contagieuses se répandent et qui rendent passibles ceux qui les commettent des peines portées par l'article 460 du Code pénal.

La dernière des stipulations de l'article 25 a été introduite pour prévenir les effets d'une spéculation à laquelle l'apparition de la peste bovine, dans les pays limitrophes, donne assez souvent lieu.

La terreur de l'épizootie produisant immédiatement, dans ces pays, une dépréciation du bétail, il se rencontre des spéculateurs qui s'empressent de profiter de cette baisse de prix pour acheter les animaux dont leurs propriétaires ont hâte de se défaire, avec l'intention de les revendre à des prix largement rémunérateurs en France, avant que les frontières ne soient encore fermées. C'est contre les actes de ces importateurs de contagions que la disposition édictée par le dernier alinéa de l'article 25 arme l'autorité administrative.

ART. 26.

Dans l'article 26 se trouvent prévues les infractions plus graves, punies par des peines plus graves également.

La vente de la viande des animaux morts de maladies contagieuses, quelles qu'elles soient, constitue un délit qu'il était nécessaire de refréner par des peines plus sévères que pour les précédents, non-seulement parce que la distribution de ces viandes peut être un moyen de dissémination des contagions parmi les animaux, mais encore et surtout parce que, par leur intermédiaire, l'homme peut contracter celles des maladies des animaux dont il est susceptible, telles que le charbon, la morve et le farcin.

Dans ce premier alinéa, la loi ne fait pas de distinctions entre les maladies. Au point de vue de la gravité, le délit lui paraît également punissable dans tous les cas, parce que quand une maladie contagieuse, quelle qu'elle soit, se termine par la mort naturelle, l'infection de l'organisme est générale, et l'usage des viandes qui en proviennent peut être sérieusement dommageable aux hommes qui s'en nourrissent.

Mais comme il y a des maladies contagieuses des animaux qui n'impriment aux viandes aucune propriété nuisible, la loi devait préciser dans quel cas la vente des viandes des animaux abattus comme atteints de maladies contagieuses constituait un délit d'une assez grande gravité pour que les peines portées par l'article 461 du Code pénal dussent lui être appliquées.

Ces maladies sont la peste bovine, le charbon, la morve, le farcin et la rage. La rigueur de cette disposition est justifiée par ce qui a été dit plus haut sur les dangers de la dissémination de la peste par le colportage des viandes, et sur les dangers qui, d'autre part, peuvent résulter pour l'homme des manipulations et de l'usage alimentaire des viandes provenant d'animaux atteints des autres maladies qui viennent d'être spécifiées.

Le projet, par le deuxième alinéa de cet article, propose que, dans les cas où les délits prévus par les articles précédents auraient donné lieu à une contagion parmi les animaux, les peines portées dans l'article 461 leur soient applicables, conformément, du reste, à l'esprit qui a dicté cet article, le délit suivi des conséquences nuisibles qu'il était susceptible de produire devant être considéré comme aggravé par la manifestation de ses effets.

ART. 27.

L'article 27 du projet vise la contravention à l'obligation imposée aux entre-

pour l'infraction à l'obligation de la désinfection.

preneurs de transport de désinfecter leur matériel. On peut dire qu'au point de vue sanitaire. cette infraction est une de celles qui sont le plus grosses de conséquences dangereuses pour la richesse agricole du pays. Aujourd'hui, bien plus facilement qu'autrefois, les germes des maladies contagieuses peuvent être disséminés dans toutes les directions et à de longues distances, grâce à la rapidité des communications entre toutes les parties de la France. Qu'un wagon dans lequel ont séjourné des bestiaux malades d'une maladie infectieuse soit chargé de bestiaux sains, avant d'avoir été soumis aux nettoyages et aux lavages nécessaires pour la désinfection, et presque inévitablement ceux-ci contracteront la maladie dont les germes auront été laissés par leurs prédécesseurs.

Dans les conditions actuelles des gares des voies ferrées, les difficultés de la désinfection et les dépenses qu'elle entraine sont causes qu'il est bien rare que les wagons qui servent au transport des bestiaux soient soumis à des lavages désinfectants aussi fréquents et aussi complets que cela serait nécessaire pour que la propagation des maladies contagieuses par leur intermédiaire pût être évitée. La loi nouvelle devait mettre à profit l'expérience du passé sur ce point essentiel, et ranger la pratique indispensable de la désinfection au nombre des obligations pour lesquelles elle devait se montrer très-exigeante.

Le projet de loi propose, dans son article 27, d'en assurer l'exécution, en punissant d'une amende de 100 à 1,000 francs l'infraction à cette obligation.

ART. 28.

Pénalités pour les infractions non spécifiées dans les articles précédents.

L'article 28 a trait aux peines qu'il convient d'appliquer pour « les infractions, non spécifiées dans les articles qui précèdent, aux dispositions de la présente loi et aux règlements rendus pour son exécution. »

Il fallait, en effet, qu'on ne pût pas arguer de ce qu'une infraction aux dispositions de la loi n'est pas spécifiée sous le titre des pénalités, pour prétendre que cette infraction ne peut entraîner aucune conséquence pénale. D'autre part, la pénalité ne pouvant procéder que de la loi, les mesures prises par le règlement d'administration publique, en conformité de ses principes, seraient restées sans sanction pénale, si la loi n'avait pas édicté les peines que les infractions à ces mesures devaient entraîner. Il y est pourvu par les dispositions de l'article 28 : amende de 16 à 200 francs.

ART. 29.

Application des pénalités édictées par l'article 462 du Code pénal.

L'article 29 s'inspire de l'esprit de l'article 462 du Code pénal pour proposer une peine plus forte dans les cas où les délits sont commis par ceux auxquels leur fonction impose la mission et le devoir de faire exécuter la loi. En outre, cet article introduit, comme condition pour l'aggravation de la peine, la récidive dans le délai d'une année.

L'expérience a, en effet, montré que dans les cas de grandes épizooties contagieuses, comme la peste bovine tout particulièrement, l'autorité administrative rencontre, comme adversaires très-obstinés de son action préservatrice, toute une classe de trafiquants interlopes qui spéculent sur le malheur public et se font les agents de la propagation de la contagion par les actes commerciaux illicites qu'ils commettent. Comme l'appât du gain leur est un stimulant très-actif à retomber dans les mêmes délits, la récidive devait être prévue et donner lieu à une peine aggravée.

ART. 30.

C'est encore en vue de prévenir l'intervention si dangereuse de ces trafiquants, comme agents de propagation des maladies, que le projet propose par son article 30 que « les infractions aux mesures prescrites en vertu des articles 15, 16 et 17 de la présente loi tombent sous l'application des peines édictées par la législation générale des douanes. »

Application
des
peines édictées
par la législation
générale
des douanes.

ART. 31.

L'article 31 s'explique de soi. En faisant peser sur le propriétaire la responsabilité des amendes prononcées « contre toute personne préposée par lui à la garde d'un animal, » il prévient les tentations qu'il pourrait avoir d'user de moyens détournés pour violer la loi, et l'oblige, d'autre part, à user de son autorité et de sa vigilance pour empêcher les infractions que ses employés pourraient commettre.

Responsabilité
des propriétaires.

ART. 32.

Enfin, l'article 32 autorise les tribunaux à modérer les peines par l'admission des circonstances atténuantes, conformément aux dispositions et à l'esprit de l'article 463 du Code pénal.

Application
des dispositions
de
l'article 463
Code pénal.

Grâce à cette latitude, la loi sanitaire proposée peut être adaptée à toutes les circonstances, les juges restant libres de mesurer les délits et de proportionner les peines que ces délits doivent entraîner au degré de leur gravité, appréciée d'après leur nature, leurs mobiles et leurs effets.

A ce point de vue, la loi actuelle diffère essentiellement des anciens arrêts du Conseil qui défendaient aux juges d'user d'indulgence et leur imposaient l'obligation absolue d'appliquer la peine dans toute son intensité.

Cette rigueur extrême a eu cette conséquence, que la plupart du temps, les anciens arrêts sont restés inappliqués, malgré la force de loi que le Code pénal leur avait reconnue, les tribunaux se refusant à se servir d'un droit dont l'application aurait trop donné raison au vieil adage : *Summun jus, summa injuria.*

Cet enseignement donné par l'expérience de l'ancienne législation ne pouvait pas être perdu. L'article 463, tout en laissant la loi armée de toutes les rigueurs du Code pénal, qu'il faut tenir en réserve pour les cas extrêmes, où leur application peut être nécessaire, permet de la modérer assez, suivant ce que les circonstances réclament, pour qu'elle n'ait rien d'excessif.

8

TITRE V.

DISPOSITIONS GÉNÉRALES.

Sous le titre V se trouvent spécifiées les dispositions d'ensemble que comportent l'application et l'exécution de la loi.

ART. 33.

Attribution des frais que peut entraîner l'exécution des mesures prescrites par la loi.

Une des difficultés de la pratique est celle de savoir, quand une mesure sanitaire a été prescrite par l'autorité et qu'elle entraîne des frais, à la charge de qui ces frais doivent incomber. Des propriétaires, pour lesquels les mesures prescrites sont rendues obligatoires, ont de la tendance à penser que, puisqu'elles ont été commandées dans l'intérêt général, c'est à la communauté que devrait revenir le soin d'acquitter les frais qu'elles entraînent. Le projet de loi prévoit et résout cette question en stipulant, dans son article 33, que « les frais d'abatage, d'enfouissement, de transport, de quarantaine, de désinfection, ainsi que tous les autres frais auxquels peut donner lieu l'exécution des mesures prescrites en vertu de la présente loi, sont à la charge des propriétaires ou conducteurs d'animaux. » Il a paru équitable que celui par le fait duquel un dommage peut être causé à la communauté soit tenu de faire les frais d'exécution de toutes les mesures nécessaires pour que ce dommage soit évité. Si la propriété est le droit de jouir et de disposer des choses de la manière la plus absolue, elle impose aussi des obligations parmi lesquelles se trouve, en première ligne, celle d'éviter qu'elle devienne nuisible.

Le cas devait être prévu où « les propriétaires ou conducteurs d'animaux refuseraient de se conformer aux injonctions de l'autorité administrative ; » et comme il ne faut pas qu'un mauvais vouloir puisse mettre obstacle à l'exécution des mesures que l'intérêt public réclame, le projet propose que, le cas échéant, « il y soit pourvu d'office et au compte des propriétaires récalcitrants. »

Quant à la désinfection des wagons de chemin de fer, c'est par les soins des compagnies qu'elle doit être faite, et le projet propose que les frais que comporte cette mesure si nécessaire « soient fixés par le Ministre des travaux publics, les compagnies entendues. »

Les frais de la désinfection des wagons devant, en définitive, être supportés par les expéditeurs, il appartient au Ministre d'en fixer le tarif.

ART. 34.

Établissement d'un sevirce des épizooties dans chaque département.

Mais ce n'est pas tout que d'édicter la loi et le règlement qui la complète, il faut, pour les faire exécuter et leur faire produire tous leurs effets, que l'autorité administrative ait à sa disposition des agents d'une compétence spéciale qui puissent lui donner le concours de leur savoir et de leur expérience.

L'application des mesures sanitaires que la loi prescrit est, en effet, subordonnée à la constatation de faits qui sont d'ordre médical vétérinaire. Il faut que l'autorité sache si la maladie qui lui est déclarée appartient à la catégorie de celles que la loi répute contagieuses, ou qui doivent être rangées dans ce nombre aux termes des prévisions de l'article 2 ; et, ce premier point résolu, quelles sont les mesures spéciales qu'il faut prendre conformément à la nature reconnue de cette maladie. C'est de cette constatation faite avec une pleine connaissance des choses que dépend la mise en train du système sanitaire organisé par la loi et sa juste et régulière adaptation aux circonstances qui se produisent.

Le projet de loi propose, par son article 34, pour répondre à ces nécessités, « qu'un service des épizooties soit établi dans chacun des départements, » et il spécifie que « les frais de ce service doivent être compris parmi les dépenses obligatoires à la charge des budgets départementaux. »

Ces frais devant varier, en effet, dans les différents départements, suivant la densité de leur population animale, le soin et la charge de les régler devaient être laissés au budget de chacun.

ART 35.

Le projet propose aussi, comme corollaire de l'article précédent, de faire une obligation à « toute commune où il existe des foires ou marchés aux chevaux ou aux bestiaux, de préposer un vétérinaire pour l'inspection sanitaire des animaux conduits à ces foires ou marchés. »

Inspection obligatoire des foires et marchés

C'est là une mesure très-nécessaire et féconde, partout où elle est établie, en excellents résultats. La visite sanitaire n'est pas seulement efficace par son action directe, en empêchant d'entrer ou de séjourner dans les marchés ou les champs de foire des animaux affectés de maladies contagieuses ; elle a cet autre avantage de prévenir, par la crainte même qu'elle inspire, l'expédition vers ces marchés des animaux malades que trop souvent les vendeurs ne se font aucun scrupule d'y envoyer, quand ils savent qu'ils n'ont à craindre aucune surveillance.

Il était donc essentiel que l'obligation de l'inspection sanitaire des marchés et des champs de foire fût imposée aux communes pour éviter autant que possible que la promiscuité des animaux rassemblés sur ces lieux de vente ne donne lieu à la propagation des contagions.

ART. 36.

L'article 36 investit « le Comité consultatif des épizooties, institué auprès du Ministre de l'agriculture et du commerce, du soin de centraliser les renseignements fournis par le service des épizooties dans les départements et d'étudier toutes les questions relatives aux maladies contagieuses. »

Attribution des fonctions du Comité consultatif des épizooties.

Les vétérinaires délégués du service sanitaire n'ont pas seulement pour mission d'assister les maires de leurs conseils et de leur concours, pour faire exécuter contre les maladies contagieuses toutes les mesures que la loi a prescrites : il leur appartient encore de réunir sur chacune de ces maladies tous les documents propres à éclairer les différents points de leur histoire.

Quelle est leur origine? Procèdent-elles de l'influence des lieux, comme on l'admet pour le charbon? Et, dans ce cas, quelles sont les conditions de différents ordres auxquelles une part peut être attribuée dans leur développement : conditions géographiques, climatériques, saisonnières, culturales, industrielles, d'alimentation, de logement, etc.?

Si la maladie procède de la contagion exclusivement, comment, par quelle voie a-t-elle été introduite dans la localité où elle sévit actuellement? Quelle marche a-t-elle suivie? Quelles conditions ont paru favorables à son développement? Dans quelles autres sa décroissance s'est-elle effectuée et son extinction produite?

Sous quelles formes, graves ou bénignes, s'est-elle présentée? Ces formes peuvent-elles être rattachées à des conditions appréciables : influences saisonnières, conditions de race, d'alimentation, de logment, etc.?

Dans quelle mesure la mortalité a-t-elle sévi? Où les guérisons se sont-elles produites?

Quels résultats ont donné les méthodes ou procédés divers mis en usage pour combattre les maladies contagieuses? Quelle influence ont eue, par exemple, l'inoculation, l'émigration, l'isolement, les différents moyens thérapeutiques, soit pour prévenir les maladies, soit pour en modifier l'évolution, en atténuer l'intensité, faciliter leur extinction, enrayer leur marche, sur les groupes d'animaux ou sur les individus isolés?

Voilà un programme résumé des questions dont les vétérinaires du service sanitaire ont respectivement à poursuivre l'étude dans les pays où ils résident. L'ensemble des documents qui résulteront de leurs rapports, adressés à l'administration de l'agriculture, permettront au *Comité consultatif des épizooties* de faire chaque année, aux termes de la mission que lui confère l'article 36 du projet de loi, une enquête sur les différentes maladies contagieuses, dans laquelle se trouveront mis en relief les faits principaux, propres à éclairer sur leurs causes, sur leur marche, sur les caractères particuliers qu'elles peuvent revêtir suivant les lieux, et sur les moyens de différents ordres qui peuvent être efficaces à diminuer ou même à annuler les pertes qu'elles sont susceptibles de causer.

Les enseignements qui ressortiront de ces recherches, poursuivies chaque année, avec persévérence, ne peuvent pas manquer de fournir à l'administration de l'agriculture des indications extrèmement précieuses dont elle s'inspirera pour diriger avec une plus grande sûreté, contre les contagions animales, toutes les ressources de la police sanitaire.

Sous la garantie de ce régime sanitaire, notre bétail ne pouvant plus donner prise à aucune suspicion, les transactions commerciales dont il est l'objet avec les nations étrangères n'auront plus de raison pour être interrompues.

ᴀʀᴛ. 37.

L'action sanitaire comporte, dans l'application, des mesures qui, tout en procédant des mêmes principes, ne peuvent pas être uniformément les mêmes pour toutes les maladies. Il est clair que la *dourine,* par exemple, qui ne se transmet que par le contact, et par un seul mode de contact, celui qui résulte du rapprochement sexuel, ne comporte pas des mesures de même ordre, et aussi nombreuses et aussi rigoureuses que la peste bovine, qui, contagieuse et infectieuse à la fois, se sert de tout ce qui est mobile pour se transporter à distance, voire des oiseaux, prétend-on, qui s'en feraient les messagers par les matières virulentes dont leurs pattes se souillent, lorsqu'ils vont picorer dans les fumiers des fermes infectées. La loi évidemment ne pouvait se charger de tracer les formules multiples par lesquelles il convient d'adapter ses principes à la nature des différentes maladies contagieuses. C'est à un règlement d'administration publique qu'elle devait en remettre le soin, et c'est, en effet, ce qu'elle prescrit par son article 37.

Application des principes de la loi par un règlement d'administration publique.

ᴀʀᴛ. 38.

Enfin, dans son article 38 et dernier, la loi proposée prononce l'abrogation de « toutes lois, ordonnances, arrêts du Conseil, arrêtés et décrets et tous règlements intervenus, à quelque époque que ce soit, sur la police sanitaire des animaux. »

Abrogation de toutes les dispositions légales antérieures

Cette abolition ne fait rien disparaître de toutes les mesures de l'ancienne législation dont l'expérience a démontré la justesse de principes et l'utilité pratique.

Mais elle en supprime tout ce qui, au point de vue moral, était en complet désaccord avec l'esprit et les mœurs de notre temps; tout ce qui, au point de vue technique, était ou inutile, ou mauvais, ou dangereux; tout ce qui enfin, au point de vue des pénalités, était excessif et conséquemment inapplicable.

Le Comité ne s'est pas contenté de conserver ce qui était bon, de supprimer ce qui devait disparaître dans l'ancienne législation; il s'est, en outre, efforcé de faire bénéficier la loi en projet de toutes les pratiques meilleures dont une connaissance plus scientifique des choses a inspiré l'application. Si son œuvre n'est pas encore irréprochable, il a cependant, Monsieur le Ministre, la confiance qu'elle réalise un véritable progrès sur l'ensemble des dispositions légales actuellement en vigueur.

Le Rapporteur du Comité.

H. BOULEY.

PROJET DE LOI.

TITRE PREMIER.

MALADIES CONTAGIEUSES DES ANIMAUX ET MESURES SANITAIRES QUI LEUR SONT APPLICABLES.

ARTICLE PREMIER.

Sont réputées contagieuses et comme telles soumises aux dispositions de la présente loi, les maladies dont les noms suivent :

La PESTE BOVINE, dans toutes les espèces de ruminants ;

La PÉRIPNEUMONIE CONTAGIEUSE, dans l'espèce bovine ;

La CLAVELÉE et la GALE, dans les espèces ovine et caprine ;

La FIÈVRE APHTHEUSE, dans les espèces bovine, ovine, caprine et porcine ;

La MORVE, le FARCIN et la DOURINE, dans les espèces chevaline et asine ;

La RAGE et le CHARBON, dans toutes les espèces.

ART. 2.

Un décret du Président de la République, rendu sur le rapport du Ministre de l'agriculture et du commerce, après avis du Comité consultatif des épizooties, pourra ajouter à la nomenclature des maladies réputées contagieuses dans chacune des espèces d'animaux énoncées ci-dessus toutes autres maladies contagieuses dénommées ou non qui prendraient un caractère dangereux.

Les dispositions de la présente loi pourront être étendues dans la même forme aux animaux d'espèces autres que celles ci-dessus désignées.

ART. 3.

Tout propriétaire, tout détenteur ou gardien d'un animal atteint ou soupçonné d'être atteint d'une maladie contagieuse, dans les cas prévus par les articles 1 et 2 , est tenu d'en faire sur-le-champ la déclaration au maire de la commune où se trouve cet animal.

L'animal atteint ou soupçonné d'être atteint de l'une des maladies spécifiées dans le paragraphe précédent devra être immédiatement, et avant même que l'autorité administrative ait répondu à l'avertissement, séparé et maintenu isolé des autres animaux susceptibles de contracter cette maladie.

ART. 4.

Aussitôt que la déclaration prescrite par le paragraphe 1ᵉʳ de l'article précédent a été faite, ou, à défaut de déclaration, dès qu'il a connaissance de la maladie, le maire fait procéder à la visite de l'animal malade ou suspect par le vétérinaire délégué.

Ce vétérinaire constate et au besoin prescrit la complète exécution des dispositions du second alinéa de l'article 3.

ART 5.

Après la constatation de la maladie, le maire prend, s'il y a lieu, un arrêté portant *déclaration d'infection*.

Cette déclaration d'infection entraîne, dans les localités qu'elle détermine, l'application des mesures prescrites, suivant la nature des maladies, par la présente loi et par le règlement d'administration publique à intervenir pour son exécution.

ART. 6.

La vente ou la mise en vente des animaux atteints de maladies contagieuses est interdite ; le propriétaire ne peut s'en dessaisir que dans les conditions déterminées par le règlement d'administration publique.

Ce règlement fixera, pour chaque espèce d'animaux et de maladies, le temps pendant lequel la même interdiction s'appliquera aux animaux qui ont été exposés à la contagion.

ART. 7.

Lorsque la peste bovine est constatée, il est interdit de traiter les animaux malades, si ce n'est dans des cas et sous des conditions déterminés par le Ministre de l'agriculture et du commerce, sur l'avis du Comité consultatif des épizooties.

ART. 8.

Les animaux atteints de la peste bovine et tous ceux de l'espèce bovine qui ont été exposés à la contagion, alors même qu'ils ne présenteraient aucun signe apparent de maladie, sont abattus sur l'ordre du maire, après estimation.

Les animaux malades sont abattus sur place; le transport en vue de l'abatage peut être autorisé pour ceux qui ont été seulement exposés à la contagion.

Les animaux des espèces ovine et caprine qui ont été exposés à la contagion sont isolés et soumis aux mesures sanitaires déterminées par le règlement d'administration publique.

ART. 9.

Dans le cas de morve constatée, les animaux sont abattus; il en est de même dans les cas de farcin, de charbon ou de péripneumonie contagieuse, si la maladie est jugée incurable par le vétérinaire délégué.

S'il y a contestation sur le caractère incurable de la maladie entre le vétérinaire délégué et le vétérinaire du propriétaire, le préfet désigne un troisième vétérinaire conformément au rapport duquel il est procédé.

La rage, lorsqu'elle est constatée chez les animaux, de quelque espèce qu'ils soient, entraîne l'abatage, qui ne peut être différé sous aucun prétexte.

Les chiens et les chats soupçonnés de rage doivent être immédiatement abattus.

ART. 10.

La viande des animaux morts de maladies contagieuses quelles qu'elles soient, ou abattus comme atteints de la peste bovine, de la morve, du farcin, du charbon et de la rage, ne peut être livrée à la consommation.

Les cadavres ou débris des animaux morts de la peste bovine, ou ayant été abattus comme atteints de cette maladie, devront être enfouis avec la peau tailladée, à moins qu'il n'existe à proximité un atelier d'équarrissage.

ART. 11.

La viande des animaux abattus comme ayant été en contact avec des animaux atteints de la peste bovine peut être livrée à la consommation, mais leurs peaux, abats et issues ne peuvent être sortis du lieu de l'abatage qu'après avoir été désinfectés.

ART. 12.

Il sera statué par le règlement d'administration publique sur les conditions auxquelles pourra être permise l'utilisation des cadavres ou débris des animaux morts de maladies contagieuses, ou abattus comme atteints de ces maladies.

ART. 13.

Dans tous les cas où la vente pour la boucherie est autorisée, il n'est pas dérogé à la loi des 27 mars-1ᵉʳ avril 1851 sur la répression de certaines fraudes dans la vente des marchandises.

ART. 14.

Indépendamment des mesures sanitaires spécifiées dans les articles précédents, l'autorité administrative aura le droit d'ordonner:

1° L'isolement, la séquestration, la visite, le recensement et la marque des animaux et troupeaux dans les localités infectées;

2° L'interdiction de ces localités ;

3° L'interdiction momentanée ou la réglementation des foires et des marchés, du transport et de la circulation du bétail ;

4° La désinfection des écuries, étables et véhicules, soit par les particuliers, soit par les compagnies de chemins de fer ou autres agents de transport ; la désinfection et même la destruction des objets à l'usage des animaux malades ou qui ont été souillés par eux, et généralement des objets quelconques pouvant servir de véhicules à la maladie ;

Enfin toutes les mesures que la crainte de l'invasion ou de l'existence d'une maladie contagieuse peut rendre nécessaires.

TITRE II.

IMPORTATION DES ANIMAUX.

ART. 15.

Les animaux des espèces chevaline, asine, bovine, ovine, caprine et porcine sont soumis en tout temps, aux frais des importateurs, à une visite sanitaire au moment de leur entrée en France, soit par terre, soit par mer.

La même mesure peut être appliquée aux animaux des autres espèces lorsqu'il y a lieu de craindre, par suite de leur introduction, l'invasion d'une maladie contagieuse.

ART. 16.

Les bureaux de douane et ports de mer ouverts à l'importation des animaux soumis à la visite sont déterminés par décrets.

ART. 17.

Le Gouvernement peut prohiber l'entrée en France ou ordonner la mise en quarantaine des animaux susceptibles de communiquer une maladie contagieuse et de tous les objets pouvant présenter le même danger; il peut, à la frontière, prescrire l'abatage, sans indemnité, des animaux malades ou ayant été exposés à la contagion, et enfin prendre toutes les mesures que la crainte de l'invasion d'une maladie contagieuse rendrait nécessaires.

TITRE III.

INDEMNITÉS.

ART. 18.

Il est alloué au propriétaire des animaux abattus pour cause de peste bovine, en vertu de l'article 8, une indemnité ainsi réglée :

La moitié de leur valeur avant la maladie, s'ils en sont reconnus atteints;

Les trois quarts, s'ils ont seulement été exposés à la contagion.

Dans le premier cas, l'indemnité ne peut excéder la somme de 400 francs par tète, et dans le second cas, celle de 600 francs.

ART. 19.

L'estimation des animaux à abattre est faite avant l'exécution de l'ordre d'abatage par deux experts désignés, l'un par le maire, l'autre par la partie. A défaut par la partie de désigner son expert, l'expert désigné par le maire opère seul.

Il est dressé un procès-verbal de l'expertise. Le maire et le vétérinaire délégué contre-signent le procès-verbal et donnent leur avis.

Des commissions administratives peuvent être appelées à reviser les estimations ainsi faites.

ART. 20.

Lorsque l'emploi des débris d'un animal abattu a été autorisé pour la consommation ou un usage industriel quelconque, le propriétaire est tenu de déclarer le produit de la vente de ces débris.

Ce produit appartient au propriétaire; toutefois, s'il est supérieur à la portion de la valeur laissée à sa charge, l'indemnité due par l'État est réduite de l'excédant.

ART. 21.

L'indemnité est fixée par le Ministre de l'agriculture et du commerce d'après les résultats de l'expertise.

Tout droit à l'indemnité est perdu si la demande n'en a pas été faite dans le délai de trois mois à dater du jour de l'abatage.

ART. 22.

Toute infraction aux dispositions de la présente loi ou des règlements rendus pour son exécution peut entraîner la perte de l'indemnité prévue par l'article 18.

ART. 23.

Le Ministre de l'agriculture et du commerce statue sur toutes les demandes d'indemnité, sauf recours au Conseil d'État.

TITRE IV.

PÉNALITÉS.

ART. 24.

Toute infraction aux dispositions de l'article 3 de la présente loi sera punie des peines portées à l'article 459 du Code pénal.

ART. 25.

Seront punies des peines édictées par l'article 460 du même code :

1° Ceux qui, au mépris des défenses de l'Administration, auront laissé leurs animaux infectés communiquer avec d'autres;

2° Ceux qui, sans une permission de l'autorité, auront déterré ou acheté les cadavres ou débris des animaux morts de maladies contagieuses quelles qu'elles soient, ou abattus comme atteints de la peste bovine, du charbon, de la morve, du farcin et de la rage ;

3° Ceux qui, même avant l'arrêté d'interdiction, auront importé en France des animaux qu'ils savaient être atteints de maladies contagieuses ou avoir été exposés à la contagion.

ART. 26.

Seront punis des peines portées à l'article 461 du même code :

1° Ceux qui auront vendu ou mis en vente de la viande provenant d'animaux morts de maladies contagieuses quelles qu'elles soient, ou abattus comme atteints de la peste bovine, du charbon, de la morve, du farcin et de la rage;

2° Ceux qui se seront rendus coupables des délits prévus par les articles précédents, s'il est résulté de ces délits une contagion parmi les autres animaux.

ART. 27.

Tout entrepreneur de transport qui aura contrevenu à l'obligation de désinfecter son matériel sera passible d'une amende de 100 francs à 1,000 francs.

ART. 28.

Toute infraction non spécifiée dans les articles qui précèdent aux dispositions de la présente loi et aux règlements rendus pour son exécution sera punie d'une amende de 16 à 200 francs.

ART. 29.

S'il y a récidive dans le délai d'un an, ou si les délits sont commis par des gardes champêtres, des gardes forestiers ou des officiers de police à quelque titre que ce soit, les peines peuvent être portées au double du maximum fixé par les précédents articles.

ART. 30.

Les infractions aux mesures prescrites en vertu des articles 15 et 17 de la présente loi tombent sous l'application des peines édictées par la législation générale des douanes.

ART. 31.

Tout propriétaire d'animal est responsable des amendes prononcées en vertu des articles du présent titre contre toute personne préposée par lui à la garde ou à la conduite de son animal.

ART. 32.

L'article 463 du Code pénal est applicable aux délits prévus par les articles précédents.

TITRE V.

DISPOSITIONS GÉNÉRALES.

ART. 33.

Les frais d'abatage, d'enfouissement, de transport, de quarantaine, de désinfection, ainsi que tous autres frais auxquels peut donner lieu l'exécution des mesures prescrites en vertu de la présente loi, sont à la charge des propriétaires ou conducteurs d'animaux.

En cas de refus des propriétaires ou conducteurs d'animaux de se conformer aux injonctions de l'autorité administrative, il y est pourvu d'office et à leur compte.

Toutefois, la désinfection des wagons de chemins de fer a lieu par les soins des compagnies; les frais de cette désinfection sont fixés par le Ministre des travaux publics, les compagnies entendues.

ART. 34.

Un service des épizooties est établi dans chacun des départements en vue de faciliter l'exécution de la présente loi.

Les frais de ce service seront compris parmi les dépenses obligatoires
à la charge des budgets départementaux, et assimilés aux dépenses classées
sous les paragraphes 1 à 4 de l'article 60 de la loi du 10 août 1871.

ART. 35.

Toute commune où il existe des foires ou marchés aux chevaux ou
aux bestiaux est tenue de préposer un vétérinaire pour l'inspection sanitaire des animaux conduits à ces foires ou marchés.

ART. 36.

Le Comité consultatif des épizooties institué auprès du ministère de
l'agriculture et du commerce est chargé de centraliser les renseignements
fournis par le service des épizooties dans les départements, et d'étudier
toutes les questions relatives aux maladies contagieuses.

ART. 37.

Un règlement d'administration publique déterminera les conditions
dans lesquelles seront appliquées, pour chaque maladie et chaque espèce
d'animaux, les mesures sanitaires édictées par la présente loi.

ART. 38.

Sont et demeurent abrogés toutes lois, ordonnances, arrêts du
Conseil, arrêtés et décrets, et tous règlements intervenus, à quelque
époque que ce soit, sur la police sanitaire des animaux.

ANNEXES.

ARRÊT DU CONSEIL D'ÉTAT DU ROI.

Du 10 avril 1714.

Le Roi ayant été informé que, dans les lieux du royaume où les bestiaux sont attaqués de maladie, la plupart des propriétaires abandonnent dans la campagne et sur les chemins ceux qui meurent, après en avoir fait arracher et enlever les peaux, et Sa Majesté voulant prévenir le mal qui pourrait en arriver; ouï le rapport du sieur Desmarest, conseiller ordinaire au Conseil royal, contrôleur général des finances, Sa Majesté, étant en son Conseil, a ordonné et ordonne que tous les propriétaires de *bœufs, vaches, moutons, brebis et agneaux, chèvres, boucs et autres bestiaux* qui viendront à mourir, soit dans leur maison ou à la campagne, seront tenus de les faire mettre sur-le-champ dans la terre jusqu'à *trois pieds de profondeur, sans pouvoir en prendre ni en lever les peaux, sous quelque prétexte que ce soit*, le tout à peine de cent livres d'amende pour chaque contravention, applicable moitié au dénonciateur et l'autre au profit de l'hôpital le plus prochain, et de peine afflictive en cas de récidive, sans préjudice de l'amende, qui sera de deux cents livres, applicable comme ci-dessus; enjoint Sa Majesté aux sieurs intendants et commissaires départis dans les provinces et généralités du royaume, et à tous officiers royaux ou autres, de tenir la main à l'exécution du présent arrêt.

Fait au Conseil d'État du Roi, Sa Majesté y étant, tenu à Versailles, le dixième jour d'avril mil sept cent quatorze.

Signé : Phelypeaux.

ARRÊT DU CONSEIL,

contenant l'ordre qui sera observé jusqu'au 15 novembre prochain.
à l'égard des foires où l'on vend des bestiaux.

Du 16 septembre 1714.

Le Roi ayant été informé que la communication des maladies des bestiaux d'une province à une autre, ou même des lieux infectés d'une province dans d'autres de la même province qui ne l'étaient pas, s'est faite principalement à l'occasion des foires et marchés, par le mélange des animaux malades avec les sains, lesquels s'étant répandus en divers lieux y ont porté les mêmes maux qu'ils avaient pris, et Sa Majesté voulant empêcher la continuation d'une communication si dangereuse et en même temps prendre les précautions convenables pour conserver la liberté des foires nécessaires au commerce et à la subsistance des peuples, en sorte néanmoins que l'on n'y puisse conduire des bêtes infectées ou suspectes; ouï le rapport du sieur Desmarest, conseiller ordinaire au Conseil royal, contrôleur général des finances; Sa Majesté, étant en son Conseil, a fait très-expresses inhibitions et défenses à tous marchands, bourgeois et autres, de quelque qualité et condition qu'ils puissent être, de conduire, amener, vendre ni exposer en vente aucuns bœufs, vaches, ni veaux, de quelque province ou pays qu'ils puissent être, dans les foires et marchés de Brie, Gâtinois, Morvan et autres, où lesdites maladies ont cours, suivant les Ordonnances particulières qui seront rendues par les sieurs intendants ou commissaires départis ; fait Sa Majesté pareilles défenses à toutes personnes de conduire ni d'amener, desdites provinces infectées ou suspectées, aucuns bœufs, vaches, ni veaux, dans les provinces et pays où les bestiaux ne sont pas encore attaqués des mêmes maux, sous quelque prétexte que ce soit, même de les vendre dans les foires et marchés qui s'y tiendront ; le tout à peine de confiscation des bestiaux et de mille livres d'amende contre chacun des contrevenants, qui seront emprisonnés sur-le-champ jusqu'au payement de ladite amende ; veut néanmoins, Sa Majesté, que lesdites défenses n'aient lieu que jusqu'au 15 novembre prochain ; enjoint Sa Majesté aux sieurs intendants et commissaires départis, aux juges des lieux, et à tous autres officiers qu'il appartiendra, de tenir la main à l'exécution du présent arrêt, qui sera publié et affiché partout où besoin sera, à ce que personne n'en ignore.

Fait au Conseil d'État du Roi, Sa Majesté y étant, tenu à Fontainebleau, le seizième jour de septembre mil sept cent quatorze.

Signé : PHELYPEAUX.

ORDONNANCE DU ROI

concernant les précautions à prendre sur les frontières, à l'occasion des maladies contagieuses qui se sont répandues dans une partie de la Hongrie et provinces voisines.

Du 6 janvier 1739

Sa Majesté étant informée que les maladies contagieuses qui se sont répandues dans une partie de la Hongrie et provinces voisines ne sont pas encore cessées. Elle a jugé nécessaire de prendre les précautions qu'exigent la sûreté et la conservation de ses sujets, en les préservant, autant que possible, de toute communication suspecte ; et, en conséquence. Elle a ordonné et ordonne ce qui suit :

Art. 1er. Tout commerce et négoce de bestiaux et marchandises, de quelque espèce que ce soit, venant desdits pays ou qui y auront passé, sera et demeurera interdit et suspendu, jusqu'à ce qu'autrement par Sa Majesté ait été ordonné, sans que, sous quelque prétexte que ce soit, ils puissent être reçus dans le royaume.

2. Pour prévenir les inconvénients que cette interdiction pourrait occasionner dans le commerce d'entre les sujets de Sa Majesté et ceux des pays où la santé des bestiaux n'est pas altérée, veut Sa Majesté que les négociants, commerçants, voituriers et autres qui voudraient faire entrer des marchandises d'Allemagne et pays en dépendant, autres que ceux qui sont attaqués de la contagion, soient tenus de rapporter des certificats de santé, expédiés en bonne et due forme par les magistrats du lieu d'où lesdits bestiaux seront partis et où lesdites marchandises auront été fabriquées ; lesquels certificats seront présentés, à l'entrée du royaume, aux commandants ou magistrats,

pour être par eux visés ; à faute de quoi, il ne leur sera pas permis de continuer leur route.

3. Aucun voyageur, passager ou autre, venant d'Allemagne ne sera pareillement admis à entrer dans le royaume sans un pareil certificat de santé, visé des commandants ou magistrats de la première ville de la frontière qui se trouvera sur leur route.

4. Ces précautions seront exactement observées en Flandre, en Hainaut, dans les évêchés, sur la frontière de la Champagne, en Alsace, en Comté, en Bresse, Bugey, Valromey et pays de Gex, en Dauphiné et en Provence, sans qu'aucun marchand, voiturier ou voyageur, venant directement ou indirectement d'Allemagne, puisse être dispensé de rapporter lesdits certificats ; voulant Sa Majesté que ceux qui n'en seront pas munis soient obligés de rétrograder comme suspects.

5. Quant aux officiers qui ont fait la dernière campagne en Hongrie, et qui ont fait depuis une quarantaine en pays non suspects, Sa Majesté trouve bon qu'en rapportant un certificat authentique des magistrats du lieu où ils auront fait ladite quarantaine l'entrée du royaume leur soit permise.

Mande et ordonne Sa Majesté à tous gouverneurs et ses lieutenants généraux en ses provinces frontières, aux gouverneurs et commandants de ses villes et places, intendants et commissaires départis pour l'exécution de ses ordres en sesdites provinces, commissaires ordinaires de ses guerres, bourgmestres, mayeurs, échevins et gens de loi, commis et gardes établis sur les ponts, ports, péages et passages, et tous autres, ses officiers et sujets qu'il appartiendra, de s'employer et tenir la main à l'exacte observation de la présente, laquelle Sa Majesté veut être lue, publiée et affichée partout où il appartiendra, à ce qu'aucun n'en prétende cause d'ignorance.

Fait à Versailles, le six janvier mil sept cent trente-neuf.

Signé : LOUIS

Et plus bas :

BAUYN.

ARRÊT DE LA COUR DU PARLEMENT.

Du 24 mars 1745.

Vu par la Cour la requête à elle présentée par le procureur général du Roi, contenant qu'ayant eu avis de quelques provinces du ressort de la Cour que plusieurs bœufs et plusieurs vaches avaient été attaqués de maladies qui paraissaient être dangereuses, il avait écrit sur les lieux pour en être particulièrement informé ; que, par les éclaircissements qu'il avait eus, il paraissait que la maladie se communiquait par le défaut de séparation des bestiaux sains d'avec les malades, et par la facilité qu'on avait de vendre, dans les foires et marchés, des bestiaux attaqués de la maladie ; que si on avait la consolation de voir que non-seulement cette mortalité n'avait procuré aucune maladie dans le peuple d'aucune de ces provinces, mais même qu'elle n'était répandue que sur les bœufs, les vaches et les veaux, à la différence de celle qui survint en 1714, qui attaqua, dans toute l'étendue du royaume, les bêtes à cornes, les chevaux et les moutons, il semblait néanmoins que la crainte de la diminution des bestiaux, qui pourrait entraîner celle du lait, du beurre et du fromage, ne devait rien faire négliger pour prévenir les progrès d'un mal qui pourrait avoir de fâcheuses suites, surtout dans un temps si proche des marchés et des foires qui doivent se tenir incessamment pour la vente des bœufs destinés, après le carême, à l'approvisionnement de cette ville; que c'est ce qui l'engage à proposer à la Cour quelques articles de règlement qui sont presque entièrement copiés sur ceux que la sagesse et la prudence de la Cour renferma dans les deux arrêts de règlement des 21 avril et 1er août 1714; à ces causes, il plut à ladite Cour y pourvoir suivant les conclusions par lui prises par ladite requête, signée de lui procureur général du Roi; ouï le rapport de M° Élie Bachard, conseiller; la matière mise en délibération :

La Cour, faisant droit sur la requête du procureur général, ordonne :

Aʀt. 1er. Que, dans les lieux où la maladie des bœufs, vaches et veaux a commencé de se faire sentir, les officiers, soit du Roi, soit des sieurs hauts justiciers auxquels la police appartient, chacun dans leur territoire, même les syndics des communautés, en cas d'absence desdits officiers, seront tenus de prendre des déclarations exactes des bœufs, vaches et veaux de chaque particulier, de les faire visiter par des personnes à ce intelligentes, deux fois la semaine au moins, le tout sans frais, pour connaître s'il n'y a point de bêtes infectées de la maladie; enjoint à tous ceux qui auront du bétail malade de le déclarer incontinent auxdits officiers, à peine de cent livres d'amende contre chaque contrevenant; pour être les bêtes malades séparées de celles qui seront saines, et mises dans d'autres écuries, étables ou autres lieux; qu'en cas que le bétail malade puisse être conduit au pâturage, il soit mis à la garde d'un pasteur qui sera choisi par la communauté, et qui ne pourra conduire le bétail que dans les cantons et lieux qui seront indiqués par lesdits officiers, à peine de punition corporelle et de tous dommages et intérêts dont la communauté demeurera responsable.

2. Fait défenses aux communautés qui ont droit de parcours ou d'usage sur les territoires voisins, de les exercer dès le moment qu'il y aura dans ladite communauté des bêtes atteintes de maladie, à peine, pour les habitants des communautés contrevenantes, de répondre solidairement de tous dommages et intérêts dont la communauté demeurera responsable.

3. Fait pareillement défenses à toutes personnes de conduire des bœufs, vaches et veaux des bailliages et lieux où la maladie est répandue, pour les vendre dans d'autres bailliages et lieux; à cet effet, ordonne que lesdits bœufs, vaches et veaux ne puissent être vendus qu'après que ceux qui les conduisent auront préalablement représenté aux juges des lieux où la vente en sera faite un certificat du lieu d'où lesdits bœufs, vaches et veaux auront été amenés, portant qu'il n'y a point de maladies dans ledit lieu sur lesdits bestiaux, ni à trois lieues au moins à la ronde; lequel certificat sera visé par ledit juge, sans frais; le tout à peine de trois cents livres d'amende pour chaque contravention, même de confiscation des bestiaux, s'il y échet.

4. Fait pareillement défenses à toutes personnes, sous les mêmes peines, d'exposer en vente, dans les foires et marchés, aucuns bœufs, vaches et veaux, même aux bouchers de tuer et débiter lesdits bœufs, vaches et veaux, qu'après qu'ils auront été vus et visités par personnes à ce intelligentes, nommées par lesdits officiers, et ce (à l'égard

des bestiaux qui seront exposés en vente dans les foires et marchés) avant que lesdits bestiaux puissent être amenés dans le lieu de la foire ou du marché, pour savoir s'ils ne sont pas attaqués de maladie ou même suspects d'en être attaqués, et être, ceux qui se trouveront en cet état, renvoyés sur-le-champ dans les lieux d'où ils auront été amenés; que les bestiaux qui seront jugés sains ne puissent être mêlés avec ceux de celui qui les aura achetés, ou autres habitants des lieux où ils seront vendus, qu'après en avoir été tenus séparés au moins pendant huit jours, à peine de cent livres d'amende pour chaque contravention

5. Ordonne qu'aussitôt que les bêtes infectées seront mortes, les propriétaires et fermiers seront tenus de les enterrer avec leur peau, lesdites bêtes préalablement coupées par quartiers, dans des fosses de huit à dix pieds de profondeur pour chaque bête, de jeter dessus lesdites bêtes de la chaux vive et de recouvrir exactement ladite fosse jusqu'au niveau du terrain; enjoint auxdits officiers, en leur absence, de leur faire fournir les charrettes, chevaux, harnois, civières ou traîneaux, même les manouvriers dont ils auront besoin, sans qu'on puisse traîner lesdites bêtes, mais les porter aux fosses dans lesquelles elles seront jetées; le tout à peine de cinquante livres d'amende contre ceux qui auront refusé leurs charrettes, harnois, civières ou traîneaux, ou leurs services, pour enterrer promptement lesdites bêtes mortes de maladie. Fait défenses à toutes personnes de laisser dans les bois lesdites bêtes mortes, les jeter dans les rivières, ni les exposer à la voirie, même de les enterrer dans les écuries, cours, jardins et ailleurs que hors l'enceinte des villes, bourgs, villages, à peine de trois cents livres d'amende et de tous dommages et intérêts.

6. Fait défenses à toutes personnes de tirer des fosses les bêtes, soit entières ou par parties, sous quelque prétexte que ce puisse être, et aux tanneurs ou autres d'en vendre ou acheter les peaux, à peine de trois cents livres d'amende, même de punition corporelle.

7. Ordonne que les amendes qui seront encourues pour contravention à l'exécution du présent arrêt seront appliquées : un tiers au dénonciateur, un tiers au haut justicier et un tiers aux pauvres du lieu, et ne puissent être réputées comminatoires, ni être remises ou modérées par les juges, sous quelque prétexte que ce puisse être.

8. Que les jugements qui seront rendus en conséquence du présent arrêt et pour prévenir la mortalité du bétail seront exécutés par provision, nonobstant toutes oppositions, appellations, prises à partie et empêchements quelconques, et sans y préjudicier.

9. Et que le présent arrêt sera lu, publié et enregistré dans tous les bailliages et sénéchaussées de ladite Cour; enjoint aux substituts du procureur général du Roi d'y tenir la main, d'en envoyer des copies dans les justices de leur ressort, pour y être pareillement lu, publié ou affiché partout où besoin sera, à ce que personne n'en ignore, et d'en certifier la Cour dans le mois.

Fait en Parlement, le 24 mars 1745.

Signé : Dufrauc.

ARRÊT DU CONSEIL

qui indique les précautions à prendre contre la maladie épidémique sur les bestiaux.

Du 19 juillet 1746.

Le Roi, étant informé que la maladie épidémique sur les bœufs et sur les vaches, qui depuis quelque temps s'était ralentie, se fait sentir de nouveau dans quelques provinces du royaume, qu'il y a lieu de penser qu'elle s'y est communiquée, soit parce que les propriétaires de bestiaux, dans la crainte de voir périr chez eux ceux de leurs bestiaux dont l'état était suspect, se sont déterminés à les donner à des prix médiocres et les ont fait conduire, à cet effet, à des foires et marchés, dans les lieux où la maladie n'avait point encore pénétré; soit parce que ceux qui font le commerce des bestiaux, voulant, par une avidité condamnable, profiter de l'inquiétude desdits propriétaires, ont acheté leurs bestiaux à des prix extrêmement bas et les ont revendus par préférence à ceux qui venaient des cantons non suspects, en les donnant à des prix inférieurs, ce qui, dans l'un et l'autre cas, a porté la maladie dans les lieux où lesdits bestiaux ont été conduits, en sorte qu'elle pourrait s'étendre successivement dans les endroits qui jusqu'à présent en ont été préservés, s'il n'y était pourvu par des dispositions capables de remédier à un abus si préjudiciable au bien public et à l'intérêt de chaque province en particulier; et l'expérience ayant fait connaître que le moyen le plus assuré pour empêcher le progrès de cette maladie est d'empêcher toute communication des bestiaux qui en sont attaqués avec ceux qui ne le sont pas, comme aussi que les bestiaux d'un lieu où la maladie s'est fait sentir ne soient conduits dans un lieu où elle n'a pas pénétré; Sa Majesté, voulant sur ce expliquer ses intentions; ouï le rapport du sieur Machault, conseiller ordinaire au Conseil royal, contrôleur général des finances; le Roi, étant en son Conseil, a ordonné et ordonne ce qui suit:

Art. 1er. Tous les propriétaires de bêtes à cornes, habitant dans les villes ou paroisses de la campagne, dont les bestiaux seront malades ou soupçonnés de maladie seront tenus d'en avertir, dans le moment, le principal officier de police de la ville ou le syndic de la paroisse dans laquelle ils habitent, sous peine de cent livres d'amende, à l'effet, par ledit officier de police ou syndic, de faire marquer en sa présence lesdits bestiaux malades ou soupçonnés, avec un fer chaud, d'une marque portant la lettre M, et de constater que lesdites bêtes malades ou soupçonnées de maladie ont été séparées des bestiaux sains et renfermées dans des endroits d'où elles ne puissent communiquer avec lesdits bestiaux sains de la même ville ou paroisse.

2. Ne pourront lesdits propriétaires, sous quelque prétexte que ce soit, faire conduire dans les pâturages ni abreuvoirs lesdits bestiaux attaqués ou soupçonnés de maladie, et seront tenus de les nourrir dans les lieux où ils auront été renfermés, sous peine de cent livres d'amende.

3. Les syndics des paroisses dans lesquelles il y aura des bestiaux malades ou soupçonnés de maladie seront tenus, sous peine de cinquante livres d'amende, d'en avertir dans le jour le subdélégué du département, et de lui déclarer le nombre des bestiaux

qui seront malades ou soupçonnés, et qu'ils auront fait marquer, le nom des propriétaires auxquels ils appartiennent, et s'ils ont été avertis par lesdits propriétaires ou par d'autres particuliers de ladite paroisse; veut Sa Majesté qu'au dernier cas le tiers des amendes qui seront prononcées contre lesdits propriétaires, faute de déclaration, appartienne à ceux qui auront donné le premier avis, soit au principal officier de police dans les villes, soit aux syndics des paroisses dans les campagnes.

4. Le subdélégué, conformément aux ordres et instructions qu'il aura reçus du sieur intendant de la province, et les officiers de police dans les villes, tiendront la main non-seulement pour empêcher que les bestiaux malades ou soupçonnés n'aient aucune communication avec les bestiaux sains de la même ville ou paroisse, mais encore pour empêcher que tous les bestiaux, soit malades, soit soupçonnés, soit sains, du lieu où la maladie se sera manifestée n'aient aucune communication avec ceux des villes ou paroisses voisines.

5. Fait Sa Majesté très-expresses inhibitions et défenses aux habitants des villes ou des paroisses de la campagne dans lesquelles la maladie se sera manifestée, de vendre aucun bœuf, vache ou veau, et à tous autres particuliers des autres paroisses ou étrangers d'en acheter, sous peine de cent livres d'amende, tant contre le vendeur que contre l'acheteur, par chaque tête de bétail vendue ou achetée en contravention de la présente disposition, sans préjudice néanmoins de ce qui sera réglé par l'article 8 ci-après.

6. Fait pareillement Sa Majesté défenses à tous particuliers, soit propriétaires de bêtes à cornes ou autres, de conduire aucuns des bestiaux sains ou malades, des villes ou paroisses de la campagne où la maladie se sera manifestée, dans aucunes foires ou marchés, et ce sous peine de cinq cents livres d'amende pour chaque contravention; de laquelle amende les propriétaires desdits bestiaux, qui pourraient se servir d'étrangers pour les conduire auxdites foires et marchés, seront responsables en leur propre et privé nom.

7. Permet Sa Majesté à tous particuliers qui rencontreront, soit dans les pâturages publics, soit aux abreuvoirs, soit sur les grands chemins, soit aux foires ou marchés, des bêtes à cornes marquées de la lettre M, de les conduire devant le plus prochain juge royal ou seigneurial, lequel les fera tuer sur-le-champ en sa présence.

8. Pourront néanmoins les propriétaires des bêtes à cornes qui auront des bestiaux sains et non soupçonnés de maladie, dans un lieu où quelques-uns des bestiaux auront été attaqués, vendre lesdits bestiaux sains et non soupçonnés de maladie, aux bouchers qui voudront les acheter, mais à la charge qu'ils seront tués dans les vingt-quatre heures de la vente, sans que lesdits bouchers puissent, sous aucun prétexte, les garder plus longtemps, à peine, tant contre lesdits propriétaires que contre lesdits bouchers, de deux cents livres d'amende pour chaque contravention, pour raison de laquelle amende lesdits propriétaires et lesdits bouchers seront solidaires.

9. Seront, en outre, tenus lesdits bouchers qui, dans les lieux où il y aura des bestiaux malades ou soupçonnés, achèteront des bestiaux sains, de prendre un certificat des propriétaires desquels ils feront lesdits achats, lequel sera visé par l'officier de police de la ville, ou du syndic de la paroisse dans laquelle les achats auront été faits, et contiendra le nombre et la désignation des bestiaux qu'ils auront achetés, et qu'ils

n'ont eu aucun symptôme de maladie; comme aussi de présenter lesdits certificats à l'officier de police de la ville ou au syndic de la paroisse dans laquelle ils conduiront lesdits bestiaux, à l'effet de constater que lesdits bestiaux seront tués dans les vingt-quatre heures du jour de l'achat; le tout sous la même peine, contre lesdits bouchers, de deux cents livres d'amende pour chaque contravention et par chaque tête de bétail qui n'aurait pas été tuée dans lesdites vingt-quatre heures de l'achat.

10. Si aucuns desdits bouchers, abusant de la faculté qui leur est accordée par les deux articles précédents, revendaient aucuns desdits bestiaux à telle personne que ce puisse être, veut Sa Majesté qu'ils soient condamnés à cinq cents livres d'amende par chaque tête de bétail; même qu'il soit procédé extraordinairement contre eux, pour, après l'instruction faite, être prononcée telle peine afflictive ou infamante qu'il appartiendra.

11. Les bouchers qui, pour s'approvisionner des bestiaux dont ils auraient besoin, en achèteraient dans les lieux où la maladie n'aura point encore pénétré, seront tenus de prendre un certificat de l'officier de police de la ville ou du syndic de la paroisse dans laquelle ils feront leurs achats, lequel certificat fera mention de l'état de la paroisse sur le fait de la maladie, et du nombre et désignation des bestiaux qu'ils y auront achetés, comme aussi de représenter ledit certificat à l'officier de police de la ville ou au syndic de la paroisse de leur domicile, toutes fois et quantes ils en seront requis, pour justifier que lesdits bestiaux ont été achetés dans des lieux sains, et peuvent être conservés sans danger, sous peine de confiscation desdits bestiaux et de deux cents livres d'amende par chaque tête de bêtes à cornes.

12. Veut et entend pareillement Sa Majesté que tous les particuliers et habitants des villes ou des paroisses de la campagne où la maladie n'aura point pénétré, qui voudront conduire ou envoyer des bestiaux aux foires et marchés, pour y être vendus, soient tenus, sous peine de confiscation de leurs bestiaux et de deux cents livres d'amende par chaque tête de bêtes à cornes, de se munir d'un certificat de l'officier de police de ladite ville ou du syndic de ladite paroisse, visé par le curé ou par un des officiers de justice; lequel certificat fera mention de l'état de ladite ville ou paroisse sur le fait de la maladie, et contiendra le nombre et la désignation desdits bestiaux, et sera ledit certificat représenté aux officiers de police, si aucuns y a, ou aux syndics des paroisses des lieux où se tiendront les foires et marchés, avant l'exposition desdits bestiaux en vente.

13. Fait Sa Majesté très-expresses inhibitions et défenses auxdits officiers de police et syndics des lieux et communautés où lesdites foires et marchés se tiendront, de permettre l'exposition desdits bestiaux, sans préalablement s'être assurés, par représentation desdits certificats, du lieu d'où ils viennent, et que la maladie n'y a point pénétré; à peine, contre les syndics des paroisses, de cent livres d'amende, et contre lesdits officiers de police, de destitution de leurs offices.

14. Si aucuns des officiers de police des villes et des syndics des paroisses de la campagne, dans les cas où il leur est enjoint par le présent arrêté de donner les certificats, en donnaient de contraires à la vérité, veut Sa Majesté qu'ils soient condamnés à mille livres d'amende, même poursuivis extraordinairement, pour, après l'instruction faite, être prononcé contre eux telle peine afflictive ou infamante qu'il appartiendra.

15. Veut Sa Majesté que, dans tous les cas où les amendes prononcées par le présent arrêt seront encourues, les délinquants soient contraignables par corps au payement desdites amendes, et qu'ils tiennent prison jusqu'à parfait payement d'icelles.

16. Lesdites amendes seront remises au greffier de police pour les villes, et au greffier des subdélégations dans chaque département pour les paroisses de la campagne, pour être distribuées, savoir : un tiers en conformité et dans le cas porté par l'article 3 du présent arrêt, et le surplus ainsi qu'il sera ordonné par Sa Majesté, sur l'avis du lieutenant général de police de la ville de Paris et des sieurs intendants dans les provinces. Enjoint Sa Majesté au sieur lieutenant général de police à Paris, et aux sieurs intendants et commissaires départis dans les provinces, de tenir la main à l'exécution du présent arrêt, qui sera lu, publié et affiché partout où besoin sera, à ce que personne n'en ignore, et exécuté, nonobstant oppositions ou autres empêchements quelconques, pour lesquels ne sera différé, et dont, si aucuns interviennent, Sa Majesté se réserve, et à son Conseil, la connaissance, icelle interdisant à toutes ses cours et autres juges.

Fait au Conseil d'État du Roi, Sa Majesté y étant, tenu à Versailles, le 19ᵉ jour de juillet 1746.

Signé : PHELYPEAUX.

ORDONNANCE DU ROI

concernant la police du marché aux chevaux.

Du 3 juillet 1763.

DE PAR LE ROI

Sa Majesté étant informée que par les réparations et les travaux qui ont été ordonnés par le sieur de Sartines, lieutenant général de police, et qui se trouvent achevés, le marché aux chevaux est devenu aussi commode qu'il est vaste et spacieux ; et, étant nécessaire de fixer la police qui doit y être observée, afin que ses sujets puissent en tirer tout l'avantage que Sa Majesté veut leur procurer, Sa Majesté a ordonné et ordonne :

ART. 1ᵉʳ. Que les marchands et autres faisant commerce de chevaux continueront d'exposer au marché les chevaux qu'ils auront à vendre, les mercredi et samedi de chaque semaine, savoir : pendant les mois de janvier, février, novembre et décembre, depuis deux heures après-midi jusqu'à cinq heures ; pendant les mois de mars, avril, septembre et octobre, depuis deux heures après-midi jusqu'à six heures ; et pendant les mois de mai, juin, juillet et août depuis trois heures après-midi jusqu'à huit heures ; après lesquelles heures seront tenus les marchands et autres de sortir du marché, et, en cas de contravention, les chevaux des contrevenants seront mis en fourrière.

2. Défend Sa Majesté à toutes personnes, de quelles que qualité et condition

qu'elles soient, d'entrer dans le marché en carrosse ou à cheval; leur enjoint de laisser et faire placer leur carrosses dans la demi-lune qui est au devant dudit marché, et les chevaux de selle, lorsqu'ils ne devront pas être exposés en vente, seront mis à l'attache dans la place vis-à-vis le bureau dudit marché; et, pour les chevaux qui devront être exposés en vente, ils seront attachés aux piliers qui sont placés dans ledit marché; défend Sa Majesté aux marchands de chevaux d'attacher ceux qu'ils exposeront en vente ailleurs qu'aux places qui leur auront été distribuées par le sieur lieutenant général de police.

3. Et, pour qu'il n'y ait aucune confusion dans le marché et éviter les accidents, l'essai des chevaux de selle sera fait sur la chaussée dudit marché, et l'essai des chevaux de trait dans un endroit séparé par un mur du reste dudit marché, et qui a été disposé exprès : pourront être mis en fourrière les chevaux qui seront exposés ou attachés ailleurs qu'aux endroits indiqués par le présent article et le précédent.

4. Veut et ordonne Sa Majesté, pour la sûreté de ses sujets et prévenir les fraudes dans le commerce des chevaux, que les vendeurs, lorsque les acquéreurs le requerront, soient tenus de se présenter à l'officier commis par le sieur lieutenant général de police, en son bureau, à l'effet d'enregistrer les noms, qualités et demeures tant des vendeurs que des acheteurs, ainsi que les signalements des chevaux.

5. Comme il se trouve des chevaux qui ont des défauts, lesquels peuvent encore servir, enjoint Sa Majesté aux vendeurs d'en prévenir les acheteurs et d'en faire leurs déclarations à l'officier chargé du détail, à peine de restitution du prix desdits chevaux, des frais de fourrière et de rapport des maréchaux.

6. Fait défenses Sa Majesté à tous domestiques, sous la livrée ou autres sans livrée, de vendre d'autres chevaux que ceux que leurs maîtres leur ordonneront d'exposer en vente au marché, et à tous particuliers de prêter leur ministère pour tromper, en faisant une fausse déclaration de nom et de domicile, le tout à peine de prison, même de plus grandes peines, s'il y écheoit.

7. Ne pourront les équarrisseurs faire aucun commerce de chevaux; leur permet seulement Sa Majesté l'achat des chevaux dépréciés par maladie, vieillesse ou accidents, lesquels chevaux n'entreront point dans l'intérieur du marché, mais seront exposés en vente dans la place que le sieur lieutenant général de police prescrira aux équarrisseurs.

8. Pourront les marchands de chevaux, lorsque les personnes qui se présenteront pour acheter des chevaux ou mulets au marché, n'en trouveront pas qui leur conviennent dans le nombre de ceux exposés en vente, leur indiquer ceux qui seront dans leurs écuries et les leur vendre chez eux, à la charge par les marchands de faire à l'officier leur déclaration desdites ventes le jour du marché suivant, lesquelles ventes seront censées faites audit marché; le tout à peine contre les contrevenants d'interdiction du marché pendant le temps que le sieur lieutenant général de police jugera à propos.

9. Veut Sa Majesté que les chevaux soupçonnés d'avoir la morve, soit dans le marché, soit chez les particuliers, de quelque état ou condition qu'ils soient, dans la ville, faubourgs et banlieue de Paris, soient visités par les maréchaux qui seront commis par le sieur lieutenant général de police, et que, sur les rapports qui lui seront faits, la

maladie se trouvant constatée, les chevaux malades soient conduits aux voiries, pour y être tués en présence de la personne qu'il aura nommée.

10. Défend Sa Majesté à tous marchands de chevaux et autres d'attendre dans les rues voisines du marché, et même dans celles plus éloignées, les chevaux que l'on conduit pour être vendus audit marché; enjoint aux conducteurs de les exposer en vente et de les vendre au marché, et, en cas de contravention, lesdits chevaux seront mis en fourrière.

11. Veut Sa Majesté que, pour l'exécution de la présente ordonnance, le sieur lieutenant général de police puisse commettre l'officier qu'il jugera à propos de choisir, lequel lui rendra compte de tout ce qui se passera dans le marché, et de toutes les contraventions qu'il aura constatées, pour ensuite être prononcé sur ses rapports et sur les contestations qui s'élèveront dans ledit marché par ledit sieur lieutenant général de police, sommairement et sans frais, sur les mémoires respectifs des parties.

Fait à Versailles, le 3 juillet 1763.

Signé : LOUIS.

Et plus bas :

PHELYPEAUX.

ARRÊT DU CONSEIL

concernant les précautions à prendre pour éviter la communication des maladies sur les bestiaux.

Du 31 janvier 1771.

Le Roi étant informé que la maladie épizootique sur les bêtes à cornes, qui affligeait des pays voisins, aurait pénétré dans quelques provinces de son Royaume, et que, malgré les secours que Sa Majesté a fait porter aux lieux où ladite maladie s'est manifestée, la contagion a continué de se répandre par la négligence, même par la mauvaise foi des propriétaires des bestiaux malades ou soupçonnés, qui se sont empressés de s'en défaire à quelque prix que ce fût, et par l'imprudence et l'avidité des acheteurs : Sa Majesté a jugé qu'il était d'autant plus instant d'y pouvoir, qu'il est reconnu par l'expérience de tous les temps qu'il n'y a pas de moyens plus assurés, pour arrêter les progrès d'un mal si nuisible à la culture et si préjudiciable aux habitants de la campagne, que d'empêcher toute espèce de communication non-seulement entre les bestiaux sains et malades, mais encore entre les villes et paroisses où la maladie s'est manifestée et les paroisses circonvoisines : à quoi voulant pourvoir. Vu les règlements précédemment faits à ce sujet, et notamment l'arrêt de son Conseil du 19 juillet 1746 ; ouï le rapport, et tout considéré, le Roi, étant en son Conseil, a ordonné et ordonne ce qui suit :

ARTICLE PREMIER.

Ceux qui se trouveront avoir des bêtes à cornes attaquées ou soupçonnées de ladite maladie seront tenus d'en avertir sur-le-champ les officiers municipaux de la ville ou le syndic de la paroisse, lesquels feront aussitôt renfermer lesdits bestiaux dans des étables séparées et en instruiront le sieur intendant et commissaire départi dans la province ou son subdélégué.

ART. 2.

En cas que l'une desdites bêtes vienne à périr de ladite maladie, le propriétaire qui aura fait ladite déclaration le premier dans la ville ou paroisse sera payé de la valeur de ladite bête, ainsi qu'il sera réglé par le sieur intendant; et si ladite déclaration a été faite par un autre, le propriétaire sera condamné en cent livres d'amende, dont moitié appartiendra au dénonciateur.

ART. 3.

Dans t   tes les villes ou paroisses où la maladie se sera manifestée, les habitants seront tenus de renfermer leurs bêtes à cornes, et ce aussitôt que l'ordonnance qui aura été rendue à cet effet par le sieur intendant aura été notifiée aux officiers municipaux ou syndics, le tout à peine de confiscation des bêtes non renfermées et de vingt livres d'amende par tête de bétail.

ART. 4.

Dans les vingt-quatre heures de la notification de ladite ordonnance, les officiers municipaux ou syndics seront tenus de faire procéder, par ceux qui auront été préposés par le sieur intendant, à la visite de toutes les bêtes à cornes dudit lieu ; et s'il s'en trouve quelques-unes attaquées de la maladie, elles seront marquées d'un fer chaud, où sera empreinte la lettre M et la lettre initiale du nom de la ville ou paroisse, et les bêtes saines de la lettre S.

ART. 5.

Les bêtes malades seront renfermées et ne pourront être menées à la pâture ou à l'abreuvoir commun, ni avoir communication avec les autres bestiaux du lieu; et, en cas de contravention, lesdites bêtes seront confisquées, même tuées, s'il y a lieu, et le propriétaire condamné en vingt livres d'amende par tête de bétail.

ART. 6.

Lorsque lesdites visites et marques auront été faites il sera, sur-le-champ, à la digence des officiers municipaux ou syndics, attaché à la porte principale des maisons où il y aura des bêtes malades et aux principales avenues de la ville ou village des signaux suffisants pour faire connaître que la maladie y règne. Fait défenses Sa Majesté d'enlever lesdits signaux, jusqu'à ce qu'il en ait été autrement ordonné par le sieur intendant, et ce à peine de cent livres d'amende.

ART. 7.

Seront tenus en outre les officiers municipaux ou syndics de faire publier et afficher dans tous les lieux voisins que la communication est interdite avec ledit lieu, et de faire boucher les avenues et chemins détournés par où l'on pourrait y entrer.

ART. 8.

Aussitôt après lesdites publications et appositions de signaux, il ne sera plus permis de faire entrer dans le territoire de ladite ville ou paroisse, ni d'en laisser sortir aucune bête à cornes; veut Sa Majesté que les bestiaux qui seraient pris en contravention soient confisqués, même tués, s'il y échet, et les propriétaires ou conducteurs condamnés en cent livres d'amende.

ART. 9.

En cas que la pâture de ladite paroisse soit commune à d'autres paroisses, elle demeurera interdite aux bêtes à cornes du lieu où la maladie s'est manifestée, et ce sous les peines portées par l'article précédent.

ART. 10.

Les bêtes malades ou soupçonnées telles ne pourront sortir des étables, où elles auront été renfermées, qu'après parfaite guérison, et après avoir été marquées de la lettre G, en présence des officiers municipaux ou syndics, et ce aux peines portées en l'article 8.

ART. 11.

Fait Sa Majesté très-expresses défenses de laisser entrer dans les maisons, cours et étables, où seront gardées les bêtes malades, aucunes bêtes à cornes, chevaux, cochons ou moutons, et même les chiens ; enjoint à ceux qui auront soin des bêtes malades de prendre les précautions qui leur seront indiquées pour prévenir toute communication avec les bêtes saines.

ART. 12.

Les bêtes qui seront mortes de la maladie seront portées, avec leurs peaux, dans des fosses de huit pieds de profondeur, sans qu'elles puissent être brûlées ou qu'il puisse être mis de la chaux vive dans lesdites fosses ; enjoint Sa Majesté, auxdits officiers municipaux ou syndics, de veiller à ce que les bêtes mortes soient portées auxdites fosses, sans y être traînées, comme aussi à ce que les voitures, harnais, et généralement tout ce qui aura approché des bêtes malades, soient lavés et purifiés, à peine de cinquante livres d'amende pour chaque contravention.

ART. 13.

Seront pareillement purifiées les étables où lesdites bêtes seront mortes, et leurs fumiers seront enterrés dans les mêmes fosses, sans qu'ils puissent être brûlés ni employés à aucun usage.

ART. 14.

Il sera pourvu par le sieur intendant aux frais nécessaires pour l'exécution du présent arrêt sur les fonds qui seront à ce destinés par Sa Majesté.

ART. 15.

Fait, Sa Majesté très-expresses inhibitions et défenses aux habitants des villes ou paroisses de la campagne, dans lesquelles la maladie se sera manifestée, de vendre aucun bœuf, vache ou veau ; et à tous particuliers des autres paroisses, ou étrangers, d'en acheter, à peine de confiscation et de cent livres d'amende, même de plus grandes peines, s'il y échet, tant contre le vendeur que contre l'acheteur, et ce par chaque tête de bétail vendue ou achetée en contravention de la présente disposition.

ART. 16.

Les amendes portées par le présent règlement seront payables par corps, et elles seront augmentées suivant l'exigence, sans qu'elles puissent être modérées, pour quelque cause et sous quelque prétexte que ce soit.

ART. 17.

Enjoint Sa Majesté au lieutenant général de police, et aux sieurs intendants et commissaires départis, de tenir la main à l'exécution du présent arrêt, qui sera imprimé, publié et affiché partout où besoin sera, et de rendre, pour l'exécution du présent arrêt, toutes ordonnances à ce nécessaires, lesquelles seront exécutées nonobstant toutes oppositions ou appellations quelconques, dont, si aucune y a, Sa Majesté a réservé la connaissance à foi et à son Conseil ; et seront tenus, les officiers et chevaliers de maréchaussée, d'exécuter les ordres qui leur seront adressés par lesdits sieurs intendants pour l'exécution du présent arrêt.

Fait au Conseil d'État du Roi, Sa Majesté y étant, tenu à Versailles, le trente et un janvier mil sept cent soixante et onze.

Signé : BERTIN.

ARRÊT DU CONSEIL

contenant des dispositions pour arrêter les progrès de la maladie épizootique sur les bestiaux dans les provinces méridionales du royaume.

Du 18 décembre 1774.

Le Roi, s'étant fait rendre compte de l'état et des progrès de la maladie contagieuse qui s'est répandue depuis plus de huit mois sur les bêtes à cornes dans les généralités de Bayonne, d'Auch et de Bordeaux, et qui commence à se communiquer dans celles de Montauban et de Montpellier ; informé, par les commandants et intendants desdites provinces, que la maladie se répand de plus en plus par la communication des bestiaux ; qu'elle n'a épargné qu'un très-petit nombre d'animaux dans les villages où elle a pénétré ; que tous les remèdes qui ont été tentés pour en arrêter les progrès, soit par les médecins du pays, soit par les élèves des écoles vétérinaires que Sa Majesté a fait passer dans lesdites provinces pour les secourir, n'ont eu jusqu'à présent que peu de succès, et qu'ils laissent peu d'espérance de pouvoir guérir les animaux infectés de cette contagion, qui s'annonce avec les caractères d'une maladie putride, inflammatoire et pestilentielle ; qu'il est important et pressant de recourir aux moyens les plus efficaces pour empêcher que ce fléau, en continuant de s'étendre de proche en proche, ne se répande en peu de temps dans d'autres provinces du royaume ; que dans les États étrangers limitrophes qui ont été affectés de la même maladie pendant les années précédentes on n'est parvenu à conserver la plus grande partie du bétail qu'en sacrifiant un petit nombre 'animaux malades, dès qu'ils ont eu les premiers symptômes de cette maladie ; que ce parti, tout rigoureux qu'il est, est cependant le seul qui reste à prendre pour prévenir les progrès d'une contagion ruineuse pour les propriétaires des bestiaux et destructive de l'agriculture dans les provinces exposées à ses ravages. Dans ces circonstances, ouï le rapport du sieur Turgot, conseiller ordinaire au Conseil royal, contrôleur général des finances, le Roi, étant en son Conseil, en renouvelant les ordres les plus précis pour faire exécuter exactement, dans toutes les provinces infectées et dans celles qui sont limitrophes, l'arrêt du Conseil du 31 janvier 1771, a ordonné ce qui suit :

ART. 1er. Toutes les villes, bourgs et villages voisins de ceux où la contagion est présentement établie seront visités par les artistes vétérinaires, les maréchaux ou autres experts qui auront été pour ce commis par les intendants desdites provinces, à l'effet de reconnaître et de constater l'état de santé et de maladie de toutes les bêtes à cornes dans lesdits villages et bourgs.

2. Dans les cas où quelques animaux se trouveraient attaqués de la maladie contagieuse annoncée par des symptômes non équivoques, il en sera dressé procès-verbal par lesdits artistes, maréchaux ou experts, en présence des syndics de la communauté dans lesdits villages et en celle des officiers municipaux dans les villes ou dans leurs faubourgs, et il sera constaté en même temps, par ledit procès-verbal ou par un acte de notorieté y joint, qu'aucun animal, dans ladite ville, bourg ou village, n'est mort précédemment de la contagion.

3. Aussitôt après la confection desdits procès-verbaux, lesdites bêtes malades seront tuées et ensuite enterrées avec leurs cuirs, jusqu'à concurrence des *dix premières seulement*, à la vigilance desdits syndics et officiers municipaux, dans chaque ville, bourg ou village où ladite contagion commence à se déclarer.

4. Les sieurs intendants et commissaires départis dans les provinces feront payer à chaque propriétaire le tiers de la valeur qu'auraient eue les propriétaires des animaux qui auront été sacrifiés, s'ils eussent été sains, et ce, sur l'estimation qui en sera faite par lesdits artistes, maréchaux et experts, à la suite de leursdits procès-verbaux ; laquelle indemnité sera imputée sur les fonds à ce destinés par Sa Majesté.

5. Lesdits sieurs intendants enverront, à la fin de chaque mois, au sieur contrôleur général des finances l'état des villes, bourgs ou villages où la maladie aura pénétré, ensemble l'état du nombre et qualité des bêtes malades qui auront été tuées dans lesdits lieux de leur généralité, et des sommes qui leur auront été payées en indemnité, à raison du tiers de la valeur de chaque animal, ainsi que des autres dépenses nécessaires pour l'exécution du présent arrêt.

6. Fait Sa Majesté très-expresses inhibitions et défenses à tous propriétaires de bestiaux de cacher ou recéler aucune bête saine ou malade, lors des visites qui seront faites en exécution du présent arrêt, à peine de cinq cents livres d'amende, payable par corps, et sans pouvoir être modérée.

7. Enjoint Sa Majesté aux lieutenants et officiers de police dans les villes, aux sieurs intendants et commissaires départis, de tenir la main à l'exécution du présent arrêt, qui sera publié et affiché partout où besoin sera, et de rendre, à cet effet, toutes les ordonnances nécessaires, lesquelles seront exécutées, nonobstant oppositions ou appellations quelconques, Sa Majesté se réservant d'en connaître en son Conseil ; et seront

tenus les officiers et cavaliers de maréchaussée d'exécuter les ordres qui leur seront adressés par lesdits sieurs intendants pour assurer l'exécution du présent arrêt.

Fait au Conseil d'État du Roi, Sa Majesté y étant, tenu à Versailles, le 18 décembre 1774.

Signé : BERTIN.

ARRÊT DU CONSEIL

contenant des mesures contre les maladies épizootiques.

Versailles, le 30 janvier 1775.

Le Roi étant informé que la maladie contagieuse sur les bêtes à cornes continue ses ravages dans les provinces de Guyenne, de Navarre et de Béarn, et dans quelques autres provinces méridionales du royaume, s'est fait représenter l'arrêt rendu en son conseil le 18 décembre 1774, qui ordonne de tuer, dans chacune des paroisses nouvellement attaquées de cette maladie, les dix premières bêtes qui tomberont malades seulement, et qui prescrit les formalités qui doivent être observées dans ce cas. Sa Majesté a reconnu, par le compte qui lui a été rendu des observations faites par ses ordres dans ces provinces, que cette maladie ne se répand que par la communication des bestiaux entre eux, et par l'abus que peuvent faire des personnes imprudentes ou malintentionnées des cuirs des animaux malades et autres objets capables de répandre la contagion ; Elle a jugé qu'il était de sa prudence et de son amour pour ses peuples de prendre les mesures les plus certaines non-seulement pour arrêter les progrès de cette maladie, mais pour en détruire, autant qu'il est possible, toutes les semences.

A quoi désirant pourvoir, ouï le rapport du sieur Turgot, etc.,

Le Roi, étant en son Conseil, ordonne que l'arrêt du 18 décembre 1774 sera exécuté selon sa forme et teneur ; et Sa Majesté l'interprétant, étendant ses dispositions en tant que de besoin, ordonne que tous les animaux qui seront reconnus malades de cette maladie seront tués sur-le-champ, et enterrés en suivant les précautions et les formalités ordonnées par ledit arrêt du 18 décembre 1774, aussitôt qu'on aura bien constaté les signes de l'épizootie. Veut Sa Majesté qu'il soit tenu compte au propriétaire du tiers de la valeur qu'ils auraient euc s'ils avaient été sains.

Ordonne que les cuirs desdits animaux, tués en conséquence du présent arrêt ou morts de leur mort naturelle, seront tailladés de manière qu'on ne puisse plus en faire usage ; fait Sa Majesté très-expresses inhibitions et défenses à toutes personnes, sous quelque prétexte que ce puisse être, de conserver aucuns cuirs provenant d'animaux suspects de ladite maladie, de les préparer, transporter, vendre ou acheter, ainsi que les fumiers, râteliers, et autres choses à l'usage desdits animaux, et reconnus capables de porter la contagion, sous peine de cinq cents livres d'amende contre chacun des contrevenants. Enjoint Sa Majesté aux gouverneurs et commandants, et aux intendants et commissaires départis dans ses provinces, etc., etc.

ARRÈT DU CONSEIL

contenant des mesures contre l'épizootie.

Fontainebleau, 1er novembre 1775.

Sur le compte qui a été rendu au Roi, étant en son Conseil, des ravages que la maladie épizootique continue de faire dans les provinces méridionales, et des progrès qu'elle a continué de faire par la négligence des propriétaires de bestiaux à se conformer aux précautions ordonnées, Sa Majesté a jugé à propos de prendre de nouvelles mesures pour prévenir les suites funestes de cette négligence et préserver ces provinces et tout son royaume des malheurs que cette contagion peut y occasionner. Rien ne lui a paru plus pressant que de faire connaître ses intentions sur l'autorité qui doit procéder à l'exécution de ses ordres; et comme les circonstances présentes sont hors de l'ordre commun, et que Sa Majesté espère que les mesures qu'elle prend les feront cesser dans peu de temps, Elle a pensé qu'Elle devait, tant que ces circonstances subsisteront, confier exclusivement l'exécution de ces mesures aux commandants et officiers de ses troupes et aux intendants et commissaires départis dans ses provinces. Quels que soient le zèle et l'activité, tant de ses cours de Parlement que de ses juges ordinaires, pour le bien de ses sujets, Sa Majesté a cru que le concours de plusieurs autorités sur un même objet pourrait porter du trouble et de la confusion dans le service et servir de prétexte à ceux qui voudraient se soustraire à ses ordres; Sa Majesté a aussi jugé à propos de faire connaître de nouveau ses intentions sur l'exécution des arrêts de son Conseil précédemment rendus, et de prescrire d'une manière précise les précautions qu'Elle veut qui soient prises à l'avenir. A quoi voulant pourvoir, ouï le rapport du sieur Turgot, etc.,

Art. 1er. Les commandants en chef chargés des ordres du Roi pour l'extinction de l'épizootie, et les intendants et commissaires départis dans les provinces, ou ceux qui en seront chargés par eux, donneront seuls les ordres relatifs à cette opération importante; veut, en conséquence, Sa Majesté que, sans s'arrêter aux dispositions de sa cour de Parlement de Toulouse du 27 septembre dernier, ni à tous autres pareils qui auraient été rendus ou pourraient l'être à l'avenir, les officiers municipaux ou syndics de paroisses ne puissent assembler leurs communautés autrement que par les ordres desdits commandants en chef ou intendants; leur fait pareillement Sa Majesté très-expresses inhibitions et défenses de reconnaître pour ledit service aucune autre autorité.

2. Les arrêts du Conseil d'État du Roi des 18 décembre 1774 et 30 janvier dernier seront exécutés selon leur forme et teneur, concernant l'assommement des bestiaux dans les lieux où il sera ordonné, conformément aux instructions qui seront adressées par le Roi auxdits commandants et intendants et aux ordres qu'ils donneront en conséquence.

3. Dans tous les lieux dans lesquels l'assommement des animaux malades aura été ordonné en vertu de ladite autorité, seront tenus tous propriétaires de bestiaux de

dénoncer ceux qui seront tombés malades, dans les vingt-quatre heures du moment où les premiers symptômes se seront manifestés, sous peine de cinq cents livres d'amende : et il sera fait, par les troupes, des visites et perquisitions dans toutes les étables, écuries, granges et autres bâtiments, à l'effet de découvrir les contraventions.

4. Les animaux qui auront été dénoncés seront visités par experts; et, dans le cas où ils auraient été reconnus attaqués de la maladie épizootique, ils seront sur-le-champ assommés et enterrés, conformément aux arrêts du Conseil rendus et aux instructions imprimées et publiées sur cet objet, sans que les propriétaires puissent les conserver, sous le prétexte de les faire traiter par des méthodes dont l'expérience a démontré l'illusion, sans s'arrêter aux dispositions de l'arrêt du 2 septembre 1775, rendu par la cour de Parlement de Toulouse, qui paraît autoriser ledit traitement, ni à tous autres arrêts rendus ou à rendre, dont les dispositions seraient contraires à celles du présent arrêt.

5. Il sera payé, par les ordres de l'intendant et du commissaire départis, à ceux dont les bestiaux auront été assommés, le tiers du prix desdits bestiaux, sur l'estimation qui en sera faite, conformément aux dispositions des arrêts du Conseil d'État du Roi des 18 décembre 1774 et 30 janvier 1775, dans le cas seulement où la déclaration en aura été faite par le propriétaire dans le temps prescrit par l'article précédent; dans le cas où ladite dénonciation n'aurait pas été faite, lesdits propriétaires, outre l'amende à laquelle ils seront condamnés, seront privés de cette indemnité.

6. Dans le cas où la nécessité de conserver des provinces saines obligerait de faire passer les bestiaux sains ou malades d'un lieu dans un autre, il y sera procédé par les ordres du commandant en chef ou de l'intendant et commissaire départis, et il sera pris par ledit intendant les mesures nécessaires pour en assurer le prix aux propriétaires, dans le cas où lesdits animaux résisteraient à la contagion.

7. Fait Sa Majesté très-expresses inhibitions et défenses à tous propriétaires de bestiaux, de quelque qualité et conditions qu'ils soient, de faire refus d'exécuter ou de laisser exécuter les ordres du Roi qui leur seront notifiés par les officiers ou soldats, à peine de cinq cents livres d'amende, et, dans le cas de rébellion, à peine d'être poursuivis extraordinairement, selon la rigueur des ordonnances.

8. Il est pareillement fait défense à tous propriétaires de bestiaux ou autres de conduire d'un lieu à un autre ou de transporter des peaux ou des cuirs, ou autres matières capables de répandre la contagion, qu'ils ne soient porteurs de permissions par écrit des officiers qui commanderont dans le lieu, ni de contrevenir à aucune des ordonnances qui seront données et publiées par les commandants ou intendants, sous peine de cinq cents livres d'amende ou telle autre peine portée par lesdites ordonnances.

9. Sa Majesté attribue toute cour et juridiction en dernier ressort aux intendants et commissaires départis pour prononcer les amendes qui seront encourues, même pour procéder extraordinairement contre ceux qui auront fait rébellion; les autorisant Sa Majesté, pour les affaires criminelles, à prendre avec eux le nombre de gradués requis par les ordonnances, et de nommer telles personnes capables et qu'ils jugeront à propos pour remplir les fonctions de procureur du Roi et de greffier; les autorisant pareillement à subdéléguer pour rendre tous jugements d'instruction, même de règle-

ment à l'extraordinaire et autres, en se conformant par eux aux règles et ordonnances du royaume sur la matière criminelle, et notamment à celle de 1670; et Sa Majesté interdit à toutes ses cours et autres juges la connaissance desdits cas, ainsi que de tous ceux relatifs aux précautions ordonnées pour arrêter les progrès de la contagion. Enjoint Sa Majesté aux commandants dans les provinces, commandants et officiers de ses troupes, aux intendants et commissaires départis, aux officiers et cavaliers de maréchaussée, etc.

ORDONNANCE DU ROI

concernant l'exécution des mesures ordonnées par Sa Majesté, contre les progrès de la maladie épizootique, dans les provinces qui en sont affligées.

Du 1er novembre 1775.

DE PAR LE ROI.

Il est ordonné à tous sujets du Roi, de quelque qualité et condition qu'ils soient, dans l'étendue des provinces de Guyenne, Gascogne, Languedoc et autres, ravagées par la maladie épizootique, de se conformer aux arrêts du Conseil d'État du Roi qui ont été publiés sur cet objet et d'obéir à tous ordres et instructions qui seront donnés par le maréchal de Mouchy et le comte de Périgord, ou par ceux qu'ils en auront chargés en leur absence, chacun dans l'étendue de leur commandement. Il est ordonné à tous maires, lieutenants de maires, jurats échevins et autres officiers municipaux de se conformer aux ordres qui leur seront donnés par lesdits commandants ou par les intendants et commissaires départis, sans reconnaître en cette partie aucuns autres ordres.

Les troupes du Roi feront dans les métairies, étables, écuries, granges et autres lieux où les bestiaux pourraient être renfermés, toutes visites et perquisitions qui seront jugées nécessaires, ainsi qu'il leur sera ordonné par les commandants en chef ou officiers qu'ils en auront chargés. Il est fait défenses à toutes personnes, de quelque qualité ou condition qu'elles soient, de leur faire refus ou de les troubler, à peine de cinq cents livres d'amende.

Il est expressément ordonné à tous officiers, soldats, cavaliers ou dragons de rendre compte des contraventions et d'emprisonner ceux qui feront résistance, pour lesdits contrevenants être jugés par l'intendant sur les cas dont ils seront coupables.

Il est ordonné aux troupes d'employer la force en cas de résistance, et ceux qui auraient fait résistance seront jugés, selon la rigueur des ordonnances, par l'intendant et commissaire départi, conformément à l'arrêt du Conseil d'État du Roi de ce jour.

Il est expressément défendu à tous les sujets du Roi de conduire aucuns bestiaux d'un lieu à un autre, ou de transporter aucuns cuirs, peaux ou autres choses capables de porter la contagion, à moins qu'ils ne soient porteurs de permissions par écrit de l'officier qui commandera dans le lieu le plus proche de celui d'où ils seront partis, et visées par les officiers dans les districts desquels ils passeront, sous peine de confiscation et de cinq cents livres d'amende ; et en cas de contravention, il est ordonné à tous officiers, soldats, cavaliers ou dragons, ainsi qu'à tous officiers ou cavaliers de la maréchaussée et autres qui les rencontreront, de les arrêter et de les conduire devant le subdélégué le plus proche du lieu où ils auront été arrêtés, pour y faire droit.

Dans le cas où les commandants en chef, ou les officiers chargés de leurs ordres, jugeraient à propos de faire conduire les bestiaux sains et malades d'un lieu à un autre, conformément aux instructions données par le Roi, ou à ce qu'ils jugeraient nécessaire dans la circonstance, lesdits ordres seront exécutés, à peine de confiscation des bestiaux et de cinq cents livres d'amende en cas de refus et d'être, les refusants, poursuivis extraordinairement devant l'intendant et commissaire départi en cas de résistance et de rébellion.

Lesdits commandants en chef pourront seuls, ainsi qu'il est d'usage, faire assembler les communautés et leur faire prendre les armes en cas de besoin, pour aider au service des troupes et leur prêter main-forte pour l'exécution des ordres du Roi.

La présente ordonnance sera imprimée, publiée et affichée partout où besoin sera dans toute l'étendue des provinces où la maladie s'est manifestée, à ce que personne n'en ignore.

Fait à Fontainebleau, le premier jour de novembre mil sept cent soixante-quinze.

Signé : LOUIS.

Et plus bas :

DE LAMOIGNON.

ORDONNANCE

concernant la maladie des bestiaux.

Du 10 janvier 1776.

Les mesures prises par Sa Majesté pour arrêter le progrès de l'épizootie nous ont déterminé à renouveler et à réunir dans une seule ordonnance les dispositions anciennes des différents arrêts, règlements et ordonnances, ainsi que celles à faire en vertu des derniers ordres à nous adressés ; en conséquence, nous avons ordonné et ordonnons ce qui suit :

ART. 1ᵉʳ. Aussitôt qu'il se manifestera quelque maladie dans une étable, parc ou écurie, les propriétaires des bestiaux qui en seront attaqués, leurs fermiers, métayers, bordiers, économes, valets et autres habitants qui en auront connaissance, seront tenus de les dénoncer sur-le-champ à l'officier commandant le poste le plus voisin et aux maires, jurats, consuls ou syndics des paroisses, à peine de trois cents livres d'amende et de prison contre chaque contrevenant et de privation de toute espèce de dédommagement.

2. Les officiers municipaux, ainsi avertis, devront procéder sur-le-champ et sans

perdre de temps à l'examen et visite de la bête malade par l'artiste vétérinaire ou le maréchal expert le plus prochain, et s'il est reconnu et constaté qu'elle soit attaquée de l'épizootie, elle sera sur-le-champ estimée et assommée suivant les règlements, à moins que la paroisse attaquée ne se trouve dans l'arrondissement que nous prescrirons pour y tolérer le traitement. Et seront tenus lesdits officiers municipaux de prévenir sur-le-champ et par un exprès notre subdélégué et l'officier commandant le poste le plus voisin, de ce qui sera passé, à peine d'en répondre en leur propre et privé nom.

3. Les bêtes assommées ou mortes de la maladie dans les lieux où le traitement sera permis, seront enterrées tout de suite dans des fosses de dix pieds de profondeur et exactement recouvertes de terre bien battue.

4. Aussitôt qu'une bête aura été reconnue malade, on retirera les autres de l'étable où la contagion se sera manifestée et on les placera dans d'autres étables ou dans des baraques qui seront établies à cet effet, de manière qu'il n'y ait aucune communication entre elles.

5. Toutes les bêtes d'une métairie attaquée seront aussitôt renfermées, ainsi que celles des métairies voisines, sans qu'il soit permis de les laisser sortir qu'au bout de quarante jours de la cessation totale de la maladie. Faisons défenses de laisser approcher aucunes bêtes à cornes des métairies infectées pendant quatre mois, à compter du jour que la maladie y aura cessé, à peine de deux cents livres d'amende et de prison contre chacun des contrevenants.

6. Faisons défenses, sous quelque prétexte que ce soit, de mettre des bestiaux attaqués de l'épizootie au piquet et à l'air libre, soit pour les y traiter, soit pour les laisser mourir sur le bord de leur fosse, à peine de deux cents livres d'amende pour chaque bête et de prison contre les contrevenants, et seront les officiers municipaux responsables des contraventions en cas de négligence de leur part.

7. Aussitôt après l'assommement des bêtes malades, il sera procédé à la désinfection des étables qui auront été attaquées, suivant la forme prescrite par les règlements, ordonnances, que tout ce qui aura servi à l'usage des bestiaux assommés, ou morts de la maladie, sera brûlé et que les fumiers seront enterrés à deux pieds de profondeur et recouverts d'une quantité suffisante de terre, à peine, contre les propriétaires qui recéleront quelques-uns desdits effets de deux cents livres d'amende et de prison.

8. Les fumiers des métairies, granges, parcs et étables où l'épizootie s'est fait sentir, et que l'on aura laissés sur la place, seront pareillement incessamment enterrés, et les bestiaux qui subsisteront dans lesdits parcs et étables seront éloignés pendant qu'on remuera et qu'on transportera les fumiers, sans pouvoir y rentrer qu'après une désinfection complète. Enjoignons aux officiers municipaux des paroisses de tenir la main à l'exécution du présent article, et d'y faire procéder aux frais de ceux qui s'y refuseraient, qui seront en outre condamnés à cent livres d'amende.

9. Conformément aux ordres du Roi, il sera incessamment procédé au reflux des bestiaux sains de la rive gauche de la Garonne, depuis la Bayse jusqu'à Cazères, soit pour être placés dans l'intérieur du pays infecté, soit pour être salés aux ateliers à ce destinés, suivant les arrangements particuliers et les formalités qui seront prescrites à cet égard.

10. Le reflux opéré, on ne pourra repeupler de bêtes à cornes jusqu'à nouvel ordre

les lieux évacués, à peine de confiscation et d'assommement de celles qui seraient introduites et de cinq cents livres d'amende, dont un tiers au dénonciateur. On ne pourra pas non plus faire passer dans les vides qui auront été formés aucunes bêtes à cornes, ni transporter des lieux infectés aucunes laines en suint ni cuirs non tannés, à peine de cinq cents livres d'amende. Les laines lavées et les cuirs tannés ne pourront être transportés, sous la même peine, sans une permission par écrit de l'officier commandant le plus prochain. Enjoignons aux maires et consuls de tenir exactement la main à l'exécution du présent article, à peine, en cas de négligence, d'en répondre en leur propre et privé nom.

11. L'assommement des bestiaux attaqués de l'épizootie et le payemennt du tiers de leur valeur continueront d'avoir lieu dans les paroisses situées le long des cordons de troupes établis pour couvrir les pays et empêcher la communication.

12. Dans le cas où l'épizootie viendrait à attaquer quelques paroisses situées au centre d'un pays sain et éloignées de tout endroit infecté, les bestiaux attaqués et tous ceux qui auront communiqué avec eux seront sur-le-champ assommés et enterrés, et il sera payé aux propriétaires le tiers du prix des bêtes malades et la totalité des saines, d'après les procès-verbaux d'estimation qui en seront dressés.

13. Il sera permis aux propriétaires et communautés situées dans l'intérieur du pays infecté, compris dans l'enceinte de cordons de troupes, et qui seront désignées par nos ordonnances particulières, de traiter, jusqu'à ce qu'il y ait été autrement pourvu leurs bestiaux attaqués, et de suivre les méthodes curatives qui leur seront indiquées par les médecins et autres que nous préposerons à cet effet, à la charge néanmoins de séparer sur-le-champ les bestiaux sains d'avec les malades, à peine de *deux cents livres* d'amende, dont les officiers municipaux des communautés seront responsables en cas de négligence à en prévenir.

14. Tous les bestiaux des paroisses qui ont été attaqués de l'épizootie, ou qui pourront l'être par la suite, seront marqués à la cuisse droite de la lettre E, par l'empreinte d'un fer chaud. Enjoignons aux officiers municipaux d'y faire procéder sans délai, à peine d'amende et de punition.

15. Tous les bestiaux ainsi marqués de la lettre E ne pourront être introduits dans les paroisses saines, à peine de confiscation, de *cinq cents livres* d'amende et d'être procédé extraordinairement contre les conducteurs.

16. Tous les bestiaux qui auront été guéris seront marqués sur la cuisse de la lettre G, par l'empreinte d'un fer chaud, à la diligence des officiers municipaux des paroisses où ils auront été traités. Défendons de ne les laisser sortir de leurs étables qu'au bout de quarante jours, à compter de celui de leur guérison.

17. Les propriétaires des bêtes assommées ou mortes de la contagion ne pourront les faire écorcher qu'après en avoir obtenu notre permission par écrit, à la charge de se conformer aux conditions qui seront par nous prescrites ; et les cuirs qui en proviendront ne pourront être transportés que sur la permission de l'officier commandant, suivant l'article 10.

18. Renouvelons, en tant que de besoin, les défenses ci-devant faites aux habitants des campagnes, aux meuniers, bouchers et tous autres de laisser vaguer leurs chiens,

à peine de *dix livres* d'amende, d'être, lesdits chiens, tués par la maréchaussée et autres à ce préposés, auxquels nous mandons de tenir la main à l'exécution du présent article.

19. Faisons défenses à tous marchands, pourvoyeurs et autres particuliers d'acheter des bestiaux dans les lieux infectés ou suspects, et de les faire conduire dans d'autres, à peine de confiscation et de *cinq cents livres* d'amende, dont un tiers au dénonciateur, un tiers à ceux qui les auront arrêtés et l'autre tiers ainsi qu'il sera par nous ordonné.

20. Défendons à tous mendiants étrangers de vaguer dans l'étendue des généralités de Bordeaux et d'Auch, sous peine d'être arrêtés et conduits en prison ; enjoignons aux officiers municipaux d'empêcher ceux de leurs paroisses d'en sortir, et de leur procurer les secours nécessaires pour les empêcher de vaguer, et renouvelons, en tant que de besoin, les défenses de recevoir les mendiants et vagabonds dans les écuries et étables.

21. Les maires et consuls des communautés saines, voisines des lieux infectés, feront faire la garde de leurs paroisses par les habitants, lorsqu'il n'y aura point une quantité suffisante de troupes réglées pour ce service et empêcheront toute introduction et communication avec les endroits suspects ; et seront les dépenses desdits gardes, ainsi que celles relatives à l'épizootie dans chaque paroisse, payées sur les revenus des communautés, ou imposées par des rôles particuliers qui seront par nous arrêtés.

22. L'entrée des bestiaux sera interdite dans toute l'étendue des paroisses saines, lorsque les conducteurs desdits bestiaux ne seront pas porteurs d'un certificat de santé délivré par les officiers municipaux, contenant le nombre et le signalement desdits bestiaux, suivant le modèle ci-après annexé, lequel certificat sera visé dans tous les lieux de passage par l'officier commandant des troupes, et à défaut ou absence par un officier municipal ou le curé de la paroisse, à peine de confiscation des bestiaux qui seraient introduits sans certificats ou sur des certificats supposés, et de prison et de poursuite extraordinaire contre les contrevenants.

23. Faisons très-expresses inhibitions et défenses à tous maîtres de bateaux de passage, et autres conducteurs de barques sur la Garonne, dans les intendances de Bordeaux et d'Auch, de faire passer des bêtes à cornes, sous quelque prétexte que ce puisse être, soit pour les faire entrer dans les lieux infectés, soit surtout pour les en faire sortir. Enjoignons aux officiers municipaux de faire planter des poteaux aux passages où toutes les barques ou bateaux seront attachés pendant la nuit avec des chaines et des cadenas, dont la clef sera remise au commandant du port le plus prochain, pendant lequel temps personne ne pourra passer, à moins qu'il ne soit accompagné par un homme de la garde, qui fera ensuite rattacher le bateau ; le tout à peine, contre les contrevenants, de *deux cents livres* d'amende et de confiscation des bestiaux passés en fraude.

24. Faisons pareillement défenses de tenir aucunes foires ou marchés de bestiaux à grosses cornes dans l'étendue des subdélégations de Nérac, Agen, Villeneuve-d'Agénois, Castel-Jaloux, Saint-Sever, Dax, Bayonne, Mont-de-Marsan, dépendantes de la généralité de Bordeaux, et dans toute l'étendue de l'intendance d'Auch, ainsi que dans les villes et paroisses de celle de Bordeaux qui ne seront pas à dix lieues de distance des endroits attaqués de l'épizootie, jusqu'à ce qu'il y ait été autrement statué.

25. Ordonnons aux consuls des paroisses dépendantes des intendances de Bordeaux et d'Auch de dresser, huitaine après la publication de la présente ordonnance, un dénombrement exact de tous les bestiaux existants dans leurs juridictions et un état de tous ceux qui ont péri par l'épizootie et de les adresser à nos subdélégués pour nous les faire passer.

26. Nos subdélégués nous adresseront, tous les huit jours, un état des bestiaux morts, de ceux guéris, et de ceux qui n'auront pas été attaqués, conformément au modèle qui leur sera adressé.

27. Le mouvement des troupes devant être déterminé sur-le-champ, suivant la situation de l'épizootie, pour en arrêter les progrès, les consuls des communautés où il en sera envoyé leur feront fournir le logement et l'ustensile, sur la réquisition par écrit de l'officier commandant, sans qu'il soit besoin d'ordres plus exprès de notre part.

28. Sera la présente ordonnance lue, publiée et affichée. Ordonnons aux officiers municipaux de veiller à son exécution et à nos subdélégués d'y tenir la main.

De Clugni,

Intendant des généralités de Bordeaux et d'Auch.

ORDONNANCE

concernant le dépeuplement des bestiaux le long de la rivière de Garonne.

Du 15 janvier 1776.

Sa Majesté ayant ordonné, pour prévenir les progrès de la maladie épizootique, que l'on dépeuplerait de bestiaux différents cantons, nous avons cru devoir régler les formalités à suivre et les précautions à prendre pour cette opération.

Art. 1er. Le dépeuplement des bestiaux sera fait incessamment dans la communauté d   , généralité d   élection de   , subdélégation d   conformément à l'état qui en sera arrêté.

2. L'état des bestiaux sera divisé en trois classes, savoir : ceux reconnus attaqués de la maladie ; ceux qui, ayant communiqué avec les premiers, en sont soupçonnés ou fortement menacés ; et ceux qui, n'ayant pas communiqué, sont sains et ne doivent donner aucune inquiétude.

3. Pour l'exacte formation de cet état, les propriétaires, fermiers, métayers, bordiers ou autres, qui ont des bestiaux à leur garde seront tenus de déclarer dans laquelle desdites classes se trouvent leurs bestiaux ; et en cas de fausse déclaration de leur part, ils seront condamnés à cinq cents livres d'amende. Enjoignons aux consuls de vérifier attentivement lesdites déclarations.

4. Les bestiaux reconnus atteints de l'épizootie seront assommés et enterrés sur-le-

champ, conformément aux règlements, et les propriétaires seront payés du tiers de leur valeur, suivant l'estimation qui en sera faite dans la forme prescrite ci-après.

5. Les bestiaux qui auront communiqué avec les malades, en se trouvant dans les mêmes écuries ou étables, seront également assommés et enterrés, après une juste estimation de leur valeur; et quoique, pour l'ordinaire, aucun des bestiaux d'une métairie n'échappe à la contagion, quand quelques-uns d'entre eux en ont été atteints, Sa Majesté veut bien assurer aux propriétaires l'entière valeur de ceux-ci, et leur en faire payer la moitié sur-le-champ.

6. A l'égard de ceux qui sont reconnus sains, on les fera rester dans l'intérieur du pays infecté, en les conduisant par les chemins et dans les endroits qui seront indiqués, ou aux ateliers des salaisons, suivant ce qui sera prescrit; cette migration se fera par troupeaux et non tout à la fois si le nombre est trop considérable. Chaque propriétaire fournira environ dix livres de foin pour la nourriture de chacun des bestiaux par jour de marche, jusqu'à l'arrivée au lieu de leur destination. Le fourrage sera botelé et chaque bête en portera elle-même la quantité nécessaire pour sa subsistance; il sera choisi et payé par la communauté un nombre convenable de conducteurs.

7. Les bestiaux qui devront être émigrés seront marqués, sur-le-champ, sur l'épaule droite, avec un fer chaud, de la première lettre du nom de la communauté et d'un numéro; il sera ensuite procédé à leur estimation par des experts entendus, nommés par notre subdélégué, en présence des consuls, dont il sera dressé un état quadruple, contenant le nom des propriétaires, l'espèce et le signalement par numéro desdits bestiaux; un de ces états nous sera adressé; le second sera gardé par les officiers municipaux; le troisième déposé au greffe de la subdélégation, et le quatrième remis au conducteur principal, pour être délivré aux officiers municipaux des paroisses où ces bestiaux devront être placés. Il sera en outre remis à chaque propriétaire un extrait dudit état certifié des officiers municipaux.

8. La moitié de la valeur des bestiaux émigrés sera payée aux propriétaires suivant l'estimation qui en aura été faite, en vertu de l'ordonnance que nous expédierons au bas de l'état général de la communauté, lequel état sera émargé des quittances des propriétaires, ou des consuls et greffiers, si les propriétaires sont illettrés; Sa Majesté veut bien garantir auxdits propriétaires l'autre moitié du prix, pour leur être par elle payée, si dans le cours d'une année, à compter du jour de la migration, lesdits bestiaux venaient à périr de la contagion.

9. Dès que les bestiaux émigrés seront arrivés dans la paroisse qui sera désignée, la distribution en sera faite aux particuliers qui se seront présentés pour les recevoir, à charge d'en payer la valeur; si dans un an ces bestiaux ne sont pas morts de la maladie épizootique, il sera pareillement dressé un état quadruple de la remise desdits bestiaux, contenant le nom des paroisses d'où la migration proviendra, le nom des particuliers qui en étaient propriétaires, la qualité, le prix et le numéro des bestiaux, le nom de la paroisse où ils seront placés, celui des particuliers qui s'en chargeront, au bas duquel seront les soumissions de ces derniers, ou le certificat de remise signé des consuls : l'un de ces états nous sera adressé; le scond déposé au greffe de la subdélégation où se fera le placement; le troisième remis aux consuls de la paroisse d'où proviendra l'émigration; et le quatrième aux consuls de celle où se fera le placement.

10. Si les bestiaux émigrés sont destinés aux salaisons, les états ci-dessus seront signés de ceux préposés aux ateliers desdites salaisons, qui certifieront de la remise desdits bestiaux.

11. Si, pendant la route, quelqu'un de ces bestiaux venait à mourir, sa mort sera constatée par un procès-verbal qui sera dressé par les consuls du lieu le plus prochain, en présence de deux habitants au moins et du principal conducteur, et enterré sur-le-champ, conformément aux règlements; le procès-verbal fera mention du nom du propriétaire, de l'espèce de l'animal et du prix auquel il avait été estimé.

12. Sa Majesté, en obligeant les propriétaires à se priver de leurs bestiaux, a pensé qu'il était juste et nécessaire de leur procurer les moyens d'y suppléer pour tous les besoins de la culture et du commerce; et, en conséquence, elle veut bien accorder des gratifications à ceux qui feront passer et qui vendront des chevaux ou mulets dans l'intérieur des pays dévastés. Ces secours, que nombre de citoyens seront hors d'état de se procurer par la médiocrité de leur fortune, pourront leur être offerts par la spéculation de quelques particuliers qui achèteront des chevaux et des mules, dans la vue de les louer à différents propriétaires, ou bien de labourer leurs terres à forfait, ou enfin par des personnes bienfaisantes, qui, d'après les exemples connus, achèteront des chevaux pour leur propre compte et les emploieront à faire travailler celles des pauvres habitants, à quoi nous exhortons les personnes considérables et aisées de la paroisse.

13. Aussitôt que le dépeuplement sera fait, les granges et écuries seront désinfectées suivant les ordres qui seront donnés à cet égard.

14. Défendons aux habitants de faire venir aucunes bêtes à cornes dans leurs métairies ou possessions, jusqu'à nouvel ordre, à peine de confiscation desdites bêtes, pour être sur-le-champ assommées en pure perte pour eux, et de cinq cents livres d'amende en cas de contravention. Ordonnons aux consuls de dénoncer, dans vingt-quatre heures, ceux qui seront dans ce cas, et déclarons que, faute par eux d'y satisfaire, ils seront condamnés à ladite amende de cinq cents livres.

Enjoignons à nos subdélégués et aux préposés, de tenir exactement la main à l'exécution de la présente ordonnance, qui sera imprimée, publiée et affichée dans ladite communauté, afin que personne n'en prétende cause d'ignorance.

De Clugni,

Intendant des généralités de Bordeaux et d'Auch.

ORDONNANCE

qui défend l'introduction des bestiaux dans les paroisses, ainsi que le traitement
de ceux qui sont attaqués de la maladie épizootique.

Du 14 février 1776.

Étant informé qu'on a abusé des dispositions contenues dans l'article 22 de notre ordonnance du 10 janvier dernier, pour opérer des introductions frauduleuses de bestiaux suspects qui pourraient renouveler la contagion, nous avons cru devoir y remédier jusqu'à ce que les circonstances permettent de pourvoir au repeuplement des paroisses où la maladie aura cessé depuis un temps assez long pour n'avoir plus rien à craindre pour leur salubrité. D'ailleurs, le traitement que nous nous étions réservé de permettre par l'article 13 de la même ordonnance, dans les communautés qui seraient désignées par nos ordonnances particulières, ne pouvant avoir lieu par rapport à l'exécution des nouveaux ordres que le Roi nous a fait adresser, nous avons cru devoir expliquer notre dite ordonnance sur ces deux objets ; en conséquence :

Art. 1er. Nous avons fait et faisons très-expresses inhibitions et défenses à toutes sortes de personnes d'introduire, sous quelque prétexte que ce puisse être, jusqu'à nouvel ordre, aucuns bestiaux dans les paroisses du pays de labour de l'élection de Lannes, de celle de Condom, et des pays et bastilles de Marsan, Tursan et Gabardan, dépendant de la généralité de Bordeaux, et dans celles situées dans toute l'étendue de la généralité d'Auch, à peine contre les conducteurs de *cinq cents livres* d'amende, payables par corps, et de la confiscation des bestiaux introduits, lesquels seront, en cas de la plus légère suspicion de maladie, assommés et enterrés sur-le-champ, à la diligence des officiers municipaux, qui en seront personnellement responsables en cas de négligence.

2. Il ne sera permis de faire traiter aucun des bestiaux reconnus attaqués de l'épizootie, à peine contre les propriétaires de *trois cents livres* d'amende, et d'être déchus de toute indemnité, et de *cent livres* d'amende contre ceux qui s'ingéreront de leur administrer des remèdes, payables par corps, dont le tiers appartiendra au dénonciateur et le surplus appliqué ainsi qu'il sera par nous ordonné.

3. Toutes les bêtes reconnues atteintes de la maladie épizootique seront estimées sur-le-champ, assommées et enterrées, et le tiers payé aux propriétaires. Les bêtes saines qui auraient communiqué avec les malades, quand même lesdites bêtes saines auraient passé par la maladie épizootique, seront pareillement estimées, assommées et enterrées, à la diligence des officiers municipaux, dans des fosses de la profondeur prescrite par les réglements, et la totalité de leur valeur payée aux propriétaires, savoir, moitié comptant, et l'autre moitié au bout d'un an, mais les dits propriétaires seront privés de toute indemnité s'ils apportent le moindre retardement à déclarer leurs bêtes malades.

4. Sera au surplus notre ordonnance du 10 janvier dernier exécutée pour ce qui n'y est point contraire à la présente, qui sera imprimée, publiée et affichée. Mandons à nos subdélégués de tenir la main à son exécution et ordonnons aux maires consuls, jurats, et syndics des communautés de s'y conformer.

M. de Clugni,

Intendant des généralités de Bordeaux et d'Auch.

ARRÊT DE LA COUR DU PARLEMENT

*qui ordonne que les moutons, brebis et agneaux qui seront attaqués de maladie, seront
séparés de ceux qui sont sains ; fait défenses à toutes personnes de les exposer en vente
dans les foires et marchés, et aux bouchers de les tuer et d'en débiter la viande.*

EXTRAIT DES REGISTRES DU PARLEMENT.

Du 23 décembre 1778.

Vu par la Cour, la requête présentée par le procureur général du roi, contenant
qu'il a eu avis que, dans quelques paroisses situées dans l'étendue du ressort de la Cour,
il y avait des moutons attaqués d'une maladie appelée le claveau, et qu'il périssait journellement plusieurs moutons de cette maladie; qu'il paraissait que la maladie se communiquait par le défaut de séparation des moutons sains d'avec les malades, et par la
facilité que l'on avait de vendre dans les foires et marchés les moutons attaqués de
cette maladie; et comme il paraît important de ne rien négliger pour prévenir les suites
d'une pareille maladie ; à ces causes requérait le procureur général du roi, qu'il plût à
la Cour ordonner que, dans les lieux où il y aura des moutons attaqués de la maladie
du claveau, les officiers, soit du roi, soit des sieurs haut-justiciers auxquels la police
appartient, chacun dans leurs territoires, même les syndics des communautés, en cas
d'absence desdits officiers, seront tenus de prendre des déclarations exactes des moutons,
brebis et agneaux de chaque particulier et de les faire visiter par personnes à ce intelligentes, deux fois la semaine au moins, le tout sans frais, pour connaître s'il n'y a pas
de moutons, brebis et agneaux infectés de la maladie; enjoindre à tous ceux qui ont ou
auront des brebis, moutons ou agneaux malades de le déclarer aussitôt auxdits officiers,
à peine de cent livres d'amende contre chaque contrevenant, pour être les bêtes malades
séparées de celles qui seront saines, et mises dans d'autres écuries, étables et lieux;
qu'en cas que le bétail malade puisse être conduit au pâturage, il soit mis à la garde d'un
berger qui sera choisi par la communauté et qui ne pourra conduire le bétail que dans
les cantons et lieux qui seront indiqués par lesdits officiers, à peine de punition corporelle et de tous dommages-intérêts dont la communauté demeurera responsable; faire
défenses à toutes personnes de conduire des moutons, brebis et agneaux en bailliage
et lieux où la maladie du claveau est répandue, pour les vendre dans d'autres baillages
et lieux ; ordonner qu'il ne pourra être vendu de moutons, brebis et agneaux, qu'après
que ceux qui les conduisent auront préalablement présenté aux juges des lieux où la
vente sera faite un certificat des officiers du lieu où lesdits moutons, brebis et agneaux
auront été amenés, portant qu'il n'y a point de maladie du claveau dans ledit lieu sur
ledit bétail, ni à trois lieues au moins à la ronde, lequel certificat sera visé par ledit
juge, sans frais, le tout à peine de trois cents livres d'amende pour chaque contravention, même de confiscation des bestiaux, s'il y échet; faire pareillement défenses à
toutes personnes, sous les mêmes peines, d'exposer en vente dans les foires et marchés,
aucuns moutons, brebis ou agneaux, même aux bouchers de tuer et débiter la viande

des susdits animaux, qu'après qu'ils auront été vus et visités par des personnes à ce intelligentes nommées par lesdits officiers, et ce à l'égard des bestiaux qui seront exposés en vente dans les foires et marchés, avant que lesdits besiiaux puissent être amenés dans le lieu de la foire ou du marché, pour savoir s'ils ne sont point infectés de la maladie du claveau ou même suspects d'en être attaqués, et être ceux qui se trouveront dans cet état renvoyés sur-le-champ dans les lieux d'où ils auront été amenés; que les moutons, brebis ou agneaux qui seront jugés sains ne pourront être mêlés avec ceux de celui qui les aura achetés, ni avec ceux des habitants des lieux où ils seront vendus, qu'après en avoir été tenus séparés pendant au moins huit jours, à peine de cent livres d'amende pour chaque contravention; ordonner que, sitôt que les bêtes attaquées de la maladie du claveau seront mortes, les propriétaires ou fermiers seront tenus de les enterrer avec leurs peaux dans des fosses de six pieds de profondeur, et de recouvrir exactement ces fosses jusqu'au niveau du terrain; faire défenses à toutes personnes de jeter lesdites bêtes mortes dans les viviers, ni de les exposer à la voirie, même de les enterrer dans les écuries, cours, jardins et ailleurs que hors de l'enceinte des villes, bourgs et villages, à peine de trois cents livres d'amende et de tous dommages-intérêts; faire défenses à toutes personnes de tirer des fosses lesdites bêtes sous quelque prétexte que ce puisse être, et aux tanneurs ou autres d'en vendre ou acheter les peaux, à peine de trois cents livres d'amende, même d'être poursuivis extraordinairement; ordonner que les jugements qui seront rendus par les juges des lieux, en conséquence de l'arrêt à intervenir, et pour prévenir la mortalité du bétail, seront exécutés par provision, et nonobstant toutes oppositions, appellations ou empêchements quelconques et sans y préjudicier ; ordonner que l'arrêt à intervenir sera imprimé, lu, publié et affiché partout où besoin sera, enjoindre aux substituts du procureur général du roi d'y tenir la main, d'en envoyer des copies dans les justices de leur ressort, pour y être pareillement lu, publié et affiché, et de certifier le procureur général du roi de l'exécution dudit arrêt; la dite requête signée du procureur général du roi.

Ouï le rapport de M⁣ᵉ Léonard Sahuguet d'Espagnac, conseiller;

Tout considéré,

La Cour ordonne que, dans les lieux où il y aura des moutons attaqués du claveau, les officiers, soit du roi, soit des sieurs hauts-justiciers, auxquels la police appartient, chacun dans leur territoire, même les syndics des communautés, en l'absence des dits officiers, seront tenus de prendre des déclarations exactes des moutons, brebis et agneaux de chaque particulier et de les faire visiter par personnes à ce intelligentes, deux fois la semaine au moins, le tout sans frais, pour connaître s'il n'y a pas eu de moutons, brebis ou agneaux infectés de la maladie;

Enjoint à tous ceux qui ont ou auront des brebis, moutons ou agneaux malades, de le déclarer aussitôt auxdits officiers, à peine de cent livres d'amende contre chaque contrevenant, pour être les bêtes malades séparées de celles qui seront saines et mises dans d'autres écuries, étables et lieux;

Qu'en cas que le bétail malade puisse être conduit au pâturage, il soit mis à la garde d'un berger qui sera choisi par la communauté et qui ne pourra conduire le bétail que dans les cantons et lieux qui seront indiqués par lesdits officiers, à peine de punition corporelle et de tous dommages-intérêts, dont la communauté demeurera responsable.

Fait défenses à toutes personnes de conduire des moutons, brebis et agneaux des bailliages et lieux où la maladie du claveau est répandue, pour les vendre dans d'autres bailliages et lieux.

Ordonne qu'il ne pourra être vendu de moutons, brebis ou agneaux, qu'après que ceux qui les conduisent auront préalablement représenté aux juges des lieux où la vente en sera faite un certificat des officiers du lieu d'où lesdits moutons, brebis et agneaux auront été amenés, portant qu'il n'y a point de maladie du claveau dans ledit lieu sur ledit bétail, ni à trois lieues à la ronde, lequel certificat sera visé par ledit juge, sans frais, le tout à peine de trois cents livres d'amende pour chaque contravention ; même de confiscation des bestiaux, s'il y échet.

Fait pareillement défenses à toutes personnes, sous les mêmes peines, d'exposer en vente dans les foires et marchés aucuns moutons, brebis ou agneaux, même aux bouchers de tuer et débiter la viande desdits animaux, qu'après qu'ils auront été vus et visités par personnes à ce intelligentes, nommées par lesdits officiers, et ce à l'égard des bestiaux qui seront exposés en vente dans les foires et marchés, avant que lesdits bestiaux puissent être amenés dans le lieu de la foire et du marché, pour savoir s'ils ne sont point infectés de la maladie du claveau, ou même suspects d'en être attaqués, et être, ceux qui se trouveront en cet état renvoyés sur-le-champ dans les lieux d'où ils auront été amenés ;

Que les moutons, brebis ou agneaux qui seront jugés sains, ne pourront être mêlés avec ceux de celui qui les aura achetés, ni avec ceux des habitants des lieux où ils seront vendus, qu'après en avoir été tenus séparés pendant au moins huit jours, à peine de cent livres d'amende pour chaque contravention.

Ordonne qu'aussitôt que les bêtes attaquées de la maladie du claveau seront mortes, les propriétaires ou fermiers seront tenus de les enterrer avec leurs peaux dans des fosses de six pieds de profondeur, et de recouvrir exactement les fosses jusqu'au niveau du terrain.

Fait défenses à toutes personnes de jeter les bêtes mortes dans les rivières, ni de les exposer à la voirie, même de les enterrer dans les écuries, cours, jardins et ailleurs que hors de l'enceinte des villes, bourgs et villages, à peine de trois cents livres d'amende et de tous dommages-intérêts.

Fait défenses à toutes personnes de tirer des fosses lesdites bêtes, sous quelque prétexte que ce puisse être, et, aux tanneurs ou autres, d'en vendre ou acheter les peaux, à peine de trois cents livres d'amende, même d'être poursuivis extraordinairement.

Ordonne que les jugements qui seront rendus par les juges des lieux en conséquence du présent arrêt, et pour prévenir la mortalité du bétail, seront exécutés par provision, nonobstant toutes oppositions, appellations et empêchements quelconques, et sans y préjudicier.

Ordonne que le présent arrêt sera imprimé, lu, publié et affiché partout où besoin sera.

Enjoint aux substituts du procureur général du roi d'y tenir la main, d'en envoyer des copies dans les justices de leur ressort, pour y être pareillement lu, publié et affiché, et de certifier le procureur général du roi de l'exécution du présent arrêt.

Fait en Parlement, le 23 décembre 1778.

Collationné :

Lutton.

Signé : Dufrauc.

ARRÈT DU CONSEIL

*suivi de lettres patentes, portant défenses de faire entrer dans le royaume des cuirs en
vert ou préparés, venant des ports de la mer Baltique ou de la Hollande, à peine de
confiscation et de 10,000 livres d'amende.*

Versailles, 7 avril 1780.

Le Roi étant informé que l'épizootie exerce ses ravages aux environs de Hambourg,
et Sa Majesté voulant empêcher que ce fléau ne se communique une seconde fois dans
le royaume; ouï le rapport; le Roi, étant en son Conseil, a fait et fait inhibitions et défenses à tous capitaines de navires, négociants et autres, de faire entrer dans le royaume
des cuirs, soit en vert et en poil, soit préparés, qui viendraient des ports de la mer
Baltique ou de la Hollande; à peine de confiscation desdits cuirs, des bâtiments et
navires qui en seraient chargés, et de dix mille livres d'amende contre les contrevenants.

Enjoint Sa Majesté aux sieurs intendants et commissaires, etc.

ARRÈT DU CONSEIL

suivi de lettres patentes, concernant l'épizootie.

Versailles, 11 mai, 1780.

Le Roi, par arrêt de son conseil, du 7 avril dernier, a prohibé l'entrée dans le
royaume des cuirs verts, et en poils ou préparés, venant des ports de la mer Baltique
ou de la Hollande. L'objet de cette disposition a été d'empêcher toute communication
en France de l'épizootie qui s'est manifestée aux environs de Hambourg, mais Sa Majesté étant informée que le même fléau s'est également déclaré au cap d'Istrie et dans
quelques provinces autrichiennes de la même contrée, cette circonstance a paru exiger
de nouvelles précautions.

1° Fait Sa Majesté inhibitions et défenses à tous négociants, capitaines de navires,
voituriers et autres, de faire entrer dans le royaume, soit par mer ou par terre, et
jusqu'à nouvel ordre, les cuirs verts, secs ou préparés, les bourres, cornes et généralement tout ce qui peut appartenir aux bêtes à cornes : n'entend néanmoins Sa Majesté
comprendre, quant à présent, les cuirs secs et en poils de l'Amérique espagnole venant
de Cadix.

2° A l'égard des laines et autres marchandises spongieuses et susceptibles de prendre
des impressions contagieuses, qui auraient été transportées avec quelques-uns des
objets ci-dessus prohibés, veut Sa Majesté qu'elles soient mises dans des magasins ou
dépôts séparés, pour, lesdites marchandises, être exposées à l'air et recevoir toutes les
préparations qui seront jugées convenables ; à l'effet de quoi Sa Majesté autorise les in-

tendants et commissaires départis dans ses provinces frontières à indiquer les lieux de dépôt, déterminer l'espèce des marchandises qu'on devra y renfermer, le temps qu'elles y resteront déposées, ainsi que la nature des précautions à observer ; Sa Majesté leur attribuant, en conséquence, toute cour et juridiction en dernier ressort.

3° Les contrevenants aux précédentes dispositions seront condamnés, savoir : ceux qui introduiront des objets prohibés, en dix mille livres d'amende ; et ceux qui soustrairont au dépôt des marchandises à l'égard desquelles ledit dépôt est ordonné, en 3,000 livres d'amende. Comm et Sa Majesté lesdits intendants et commissaires départis pour statuer, sauf appel au conseil, sur les fraudes et contraventions qui pourront être commises, et interdit à toutes ses cours et autres juges la connaissance desdites fraudes et contraventions, ainsi que de tous les cas relatifs aux précautions ci-dessus ordonnées. Enjoint Sa Majesté aux commandants dans ses provinces, commandants et officiers de ses troupes, aux intendants et commissaires départis, aux officiers et cavaliers de maréchaussée, etc.

ARRÊT DU CONSEIL DU ROI

pour prévenir les dangers des maladies des animaux, et particulièrement de la morve.

Du 16 juillet 1784.

Le Roi étant informé des ravages qu'occasionnent sur les animaux, dans différentes provinces de son royaume, les maladies contagieuses dont ils sont attaqués, notamment celle de la *morve*, et considérant que cette maladie, contre laquelle on n'a trouvé jusqu'à présent aucun remède curatif, se communique, se propage et se perpétue par toutes sortes de voies; que l'écurie où un cheval atteint de la morve n'a fait que passer, les harnais et tout ce qui lui a servi reçoivent et communiquent ce vice épidémique, qui ne tarde pas à se développer; qu'une des causes principales de la contagion ne peut être attribuée qu'à la négligence et à un intérêt mal entendu des propriétaires, marchands de chevaux et de bestiaux, qui, au lieu de déclarer le mal dès son principe, cherchent à le déguiser, jusqu'à ce que les animaux qui en sont atteints soient absolument hors d'état de service; que des équarrisseurs et autres, après avoir acheté des chevaux et bêtes frappés de mal, sous prétexte de les guérir ou de les abattre, en font un trafic funeste, même dans la vente des parties mortes; Sa Majesté jugeant nécessaire de réprimer des abus aussi contraires à l'agriculture et au commerce, et voulant y pourvoir; ouï le rapport du sieur de Calonne, conseiller ordinaire au Conseil royal, contrôleur général des finances, le Roi, étant en son Conseil, a ordonné et ordonne ce qui suit :

Art. 1er. Toutes personnes, de quelque qualité et conditions qu'elles soient, qui auront des chevaux et bestiaux atteints ou soupçonnés de la *morve* ou de toute autre maladie contagieuse, telles que *le charbon, la gale, la clavelée, le farcin et la rage,* seront tenues, à peine de cinq cents francs d'amende, d'en faire sur-le-champ leur déclaration aux maires, échevins ou syndics des villes, bourgs et paroisses de leur résidence, pour être lesdits chevaux et bestiaux vus et visités sans délai, en la présence desdits officiers, par les experts vétérinaires les plus prochains, lesquels se transporteront à cet effet dans les écuries, étables et bergeries, pour reconnaître et constater exactement l'état des chevaux et animaux qui leur auront été déclarés.

2. Autorise Sa Majesté les sieurs intendants et commissaires départis dans les différentes provinces du royaume à nommer autant d'experts qu'ils le jugeront à propos pour lesdites visites, choisis par préférence parmi les *élèves des écoles vétérinaires ; à leur défaut, parmi les maréchaux ou autres, qui auront des certificats d'étude et de capacité du directeur de l'école vétérinaire, ou qui auront subi un examen sur les demandes qui leur seront faites en présence dudit sieur commissaire par deux artistes vétérinaires du département.*

3. Seront tenus lesdits experts *de prêter leur ministère* toutes fois et quantes ils en seront requis par les officiers de *maréchaussée, subdélégués, officiers municipaux et syndics*, pour examiner les chevaux et bestiaux suspects, comme aussi de se transporter à cet effet dans les marchés publics et dans les écuries des maîtres de postes, des entrepreneurs des messageries ou roulages et loueurs de chevaux, même aussi dans les écuries, étables et bergeries des particuliers, sur les déclarations et dénonciations de mal contagieux qui auraient été faites à leur égard, en se faisant toutefois, audit cas, *autoriser* par le juge du lieu, et *accompagner d'un officier municipal ou du syndic de la paroisse*. Fait défenses Sa Majesté à toutes personnes de refuser l'entrée de leurs écuries, étables et bergeries auxdits experts *ainsi assistés*, et d'apporter aucun obstacle à ce qu'il soit procédé, conformément à ce que dessus, auxdites visites, dont il sera dressé procès-verbal, lors duquel, en cas de difficultés, les parties intéressées pourront faire tels dires et réquisitions qu'elles aviseront, et il y sera statué, provisoirement et sans aucun délai, par le juge qui aura autorisé la visite.

4. Défenses sont faites à tous *maréchaux, bergers* et *autres* de *traiter* aucun animal attaqué de la maladie contagieuse et pestilentielle, *sans en avoir fait la déclaration aux officiers municipaux ou syndics de leur résidence* lesquels en rendront compte sur-le-champ au subdélégué, qui fera appliquer sans délai sur le front de la bête malade un cachet en cire verte portant ces mots : *animal suspect ;* pour, dès cet instant, être les chevaux ou autres animaux qui auront été ainsi marqués conduits et enfermés dans *des lieux séparés et isolés.* Fait pareillement défenses Sa Majesté à toutes personnes de les laisser communiquer avec d'autres animaux ni de les laisser vaguer dans des pâturages communs, le tout sous la même peine d'amende.

5. Les chevaux qui auront été attaqués de la *morve,* et les autres bestiaux dont *la maladie contagieuse aura été reconnue incurable par les experts,* seront abattus sans délai, ensuite *ouverts par lesdits experts,* lesquels appelleront à l'abatage et ouverture desdits animaux un officier municipal ou syndic, qui en dressera procès-verbal, pour être envoyé audit sieur commissaire départi ou à son subdélégué ; et ce procès-verbal contiendra en détail le genre et le caractère de la maladie de l'animal, et les précautions pour éviter la contagion.

6. Les chevaux et bestiaux morts et abattus pour cause de morve ou de toute autre maladie contagieuse pestilentielle *seront enterrés (chair et ossements)* dans des fosses de dix pieds (trois mètres vingt centimètres) de profondeur, qui ne pourront être ouvertes plus près de cent toises (cent quatre-vingt-quatorze mètres dix-huit centimètres) de toute habitation, et les peaux en seront tailladées, les écuries dans lesquelles auront

séjourné des chevaux morveux, ainsi que les étables et bergeries qui auront servi aux animaux attaqués de maladies contagieuses, seront, à la diligence des *officiers municipaux et experts*, aérées et purifiées; lesdits lieux ne pourront être occupés par aucuns autres animaux que lorsqu'ils auront été purifiés et qu'il se sera écoulé un temps suffisant pour en ôter l'infection; les équipages, harnais, colliers *seront brûlés* ou *échaudés*, conformément à ce qui sera prescrit par le procès-verbal d'abatage qui aura été dressé, et dont sera laissé copie, pour, par les propriétaires ou autres, s'y conformer, ainsi qu'à toutes les précautions qui auront été indiquées par les *experts*, à l'effet d'éviter la contagion; le tout sous la même peine de cinq cents francs d'amende.

7. Fait Sa Majesté défenses, sous les mêmes peines, à tous marchands de chevaux et autres, *de détourner*, sous quelque prétexte que ce soit, *vendre* ou *exposer en vente*, dans les *foires* et *marchés* ou *partout ailleurs*, des chevaux ou bestiaux *atteints* ou *suspectés de morve* ou *de maladies contagieuses;* et aux hôteliers, cabaretiers, laboureurs et autres, de recevoir dans leurs écuries ou étables ordinaires aucuns chevaux ou animaux soupçonnés de semblables maladies, auquel cas ils seront tenus d'en faire aussitôt la déclaration ci-dessus prescrite.

8. Autorise Sa Majesté lesdits sieurs commissaires départis et leurs subdélégués à commettre, dans les villes, bourgs et villages de leurs généralités, tel nombre d'équarrisseurs qui sera jugé nécessaire, lesquels *seuls* pourront faire l'enlèvement et équarrissage des animaux morts dans les arrondissements qui leur seront prescrits, auxquels il sera délivré, sans frais, commission par lesdits sieurs intendants et subdélégués, sans qu'aucuns autres puissent s'immiscer dans l'équarrissage des chevaux et bestiaux, à peine de prison.

9. Les équarrisseurs ne pourront, sous peine d'être déchus de leur commission, d'amende ou de telle autre punition qu'il appartiendra, *vendre* et *débiter* aucune *viande* qui proviendra de chevaux ou animaux qui, suivant l'article 2, auront été abattus pour être enterrés.

10. Autorise Sa Majesté toutes personnes à dénoncer les contraventions qui pourront être faites aux dispositions du présent arrêt; et lorsqu'elles auront été bien et dûment constatées, le tiers des amendes qui auront été prononcées, et qui seront payables sans déport, appartiendra au dénonciateur, auquel il sera accordé, en outre, une récompense proportionnée au mérite de la dénonciation.

11. Seront tenus les maires et échevins dans les villes, et les syndics dans les campagnes, d'informer, au premier avis qu'ils en auront, les intendants et leurs subdélégués des maladies contagieuses ou épizootiques qui se manifesteront dans l'étendue de leur arrondissement, à peine d'être rendus personnellement responsables de tous dommages qui pourraient résulter de leur négligence.

12. Toutes les amendes encourues aux termes des articles ci-dessus seront payées sans déport, et les contrevenants y seront contraints par toutes voies dues et raisonnables, même par emprisonnement de leurs personnes.

13. Et seront les ordonnances rendues pour la police du marché aux chevaux, et notamment celle du 5 juillet 1763, exécutées en leur contenu.

14. Ordonne Sa Majesté que, conformément aux attributions ci-devant données,

tant au sieur lieutenant général de police de la ville de Paris qu'aux sieurs commissaires départis dans les provinces du royaume, chacun en droit soi, ils continuent d'avoir, exclusivement à tous autres juges, la connaissance des contestations qui pourraient survenir sur l'exécution du présent arrêt, ainsi que *des précédents règlements et ordonnances* intervenus au même sujet, sauf l'appel au Conseil ; leur enjoint, ainsi qu'aux maires, échevins et syndics, de tenir la main à l'exécution du présent arrêt, et aux officiers et cavaliers de maréchaussée et tous autres, de prêter la main-forte et l'assistance nécessaire à cet effet.

Fait au Conseil d'État du Roi, Sa Majesté y étant, tenu à Versailles, le 16 juillet 1784.

Signé : le Baron DE BRETEUIL.

LOI DU 16-24 AOÛT 1790

sur l'organisation judiciaire.

TITRE XI.

DES JUGES EN MATIÈRE DE POLICE.

ART. 3. Les objets confiés à la vigilance et à l'autorité des corps municipaux sont :

. . . .

5° Le soin de prévenir par les précautions, convenables et celui de faire cesser par la distribution des secours nécessaires, les accidents et les fléaux calamiteux, tels que les incendies, les épidémies, les épizooties, en provoquant aussi, dans ces deux derniers cas, l'autorité des administrations de département ou de district ;

6° Le soin d'obvier ou de remédier aux événements fâcheux qui pourraient être occasionnés par les insensés ou les furieux laissés en liberté, et par la divagation des animaux malfaisants ou féroces.

LOI DU 9-22 JUILLET 1791

relative à l'organisation d'une police municipale et correctionnelle.

TITRE PREMIER.

POLICE MUNICIPALE.

ART. 15. . . . . Ceux qui laisseront divaguer des insensés ou furieux, ou des animaux malfaisants ou féroces ;

Seront, indépendamment des réparations ou indemnités envers les parties lésées, condamnés à une amende qui ne pourra être au-dessous de 40 sous ni excéder 50 livres, et, si le fait est grave, à la détention de police municipale; la peine sera double en cas de récidive.

LOI DU 28 SEPTEMBRE-6 OCTOBRE 1791

concernant les biens et usages ruraux, et la police rurale.

TITRE PREMIER. — SECTION IV.

DES TROUPEAUX, DES CLÔTURES, DU PARCOURS ET DE LA VAINE PÂTURE.

ART. 19. Aussitôt qu'un propriétaire aura un troupeau malade, il sera tenu d'en faire la déclaration à la municipalité ; elle assignera sur le terrain du parcours ou de la vaine pâture, si l'un ou l'autre existe dans la paroisse, un espace où le troupeau malade pourra pâturer exclusivement, et le chemin qu'il devra suivre pour se rendre au pâturage. Si ce n'est point un pays de parcours ou de vaine pâture, le propriétaire sera tenu de ne point faire sortir de ses héritages son troupeau malade.

ART. 20. Les corps administratifs emploieront constamment les moyens de protection et d'encouragement......

Ils emploieront particulièrement tous les moyens de prévenir et d'arrêter les épizooties et la contagion de la morve des chevaux.

TITRE II.

DE LA POLICE RURALE.

ART. 23. Un troupeau atteint de maladie contagieuse, qui sera rencontré au pâturage sur les terres du parcours ou de la vaine pâture autres que celles qui auront été désignées, pourra être saisi par les gardes champêtres, et même par toute personne; il sera ensuite mené au lieu de dépôt qui sera désigné, à cet effet, par la municipalité.

Le maître de ce troupeau sera condamné à une amende de la valeur d'une journée de travail par tête de bêtes à laine, et à une amende triple par tête d'autre bétail.

Il pourra, en outre, suivant la gravité des circonstances, être responsable du dommage que son troupeau aurait occasionné, sans que cette responsabilité puisse s'étendre au delà des limites de la municipalité.

A plus forte raison, cette amende et cette responsabilité auront lieu, si ce troupeau a été saisi sur les terres qui ne sont point sujettes au parcours ou à la vaine pâture.

ARRÊT DU DIRECTOIRE EXÉCUTIF

*qui ordonne l'exécution des mesures destinées à prévenir la contagion
des maladies épizootiques.*

Du 27 messidor an v (15 juillet 1797).

Paris, le 28 messidor an v de la République
française une et indivisible.

Le Ministre de l'intérieur aux Administrations centrales et municipales de la
République.

Il règne, sur les bêtes à cornes des départements du Nord et de l'Est, une épizootie
meurtrière qui s'est annoncée d'abord par des symptômes peu alarmants ; je n'en ai pas
plus tôt été instruit que j'ai envoyé de Paris des artistes vétérinaires éclairés pour en
prendre connaissance. Des instructions, rédigées par eux sur les lieux et à leur retour,
ont été publiées et répandues dans tous les pays qu'ils avaient parcourus. La maladie a
paru se ralentir pendant quelque temps, mais elle reprend avec plus de force ; la rapidité de ses progrès et le nombre effrayant des animaux qu'elle tue ne permettent plus de
douter qu'elle ne soit contagieuse au plus haut degré. Cet objet étant de la plus grande
importance, et les moyens de police étant les seuls capables d'empêcher la communication, j'ai cru qu'il était de mon devoir de rappeler l'esprit des lois et règlements rendus en pareilles circonstances et qui n'ont pas été abrogés ; je n'ai eu qu'à concilier les
dispositions de ces lois avec l'ordre constitutionnel ; j'y ajouterai une courte instruction
sur la manière reconnue comme la plus propre à prévenir cette maladie et à la guérir
dans les animaux affectés.

Mesures de police pour arrêter la communication.

Tout propriétaire ou détenteur de bêtes à cornes, à quelque titre que ce soit, qui
aura une ou plusieurs bêtes malades ou suspectes, sera obligé, sous peine de cinq
cents francs d'amende, d'en avertir sur-le-champ l'agent de la commune, qui les fera
visiter par l'expert le plus prochain, ou par celui qui aura été désigné par le département ou le canton. (Arrêt du Parlement du 24 mars 1745 ; arrêt du Conseil du
19 juillet 1746, art. 3 ; autre du 16 juillet 1784, art. 1er.)

Lorsque, d'après le rapport de l'expert, il sera constaté qu'une ou plusieurs bêtes
sont malades, l'agent veillera à ce que ces animaux soient séparés des autres et ne
communiquent avec aucun animal de la commune. Les propriétaires, sous quelque prétexte que ce soit, ne pourront les faire conduire dans les pâturages ni aux abreuvoirs
communs, et ils seront tenus de les nourrir dans des lieux renfermés, sous peine de
cent francs d'amende. (Arrêt du Conseil du 19 juillet 1746, art. 2.)

L'agent en informera, dans le jour, le commissaire du Directoire exécutif du canton,
auquel il indiquera le nom du propriétaire et le nombre de bêtes malades. Le commis-

saire du Directoire exécutif fera part du tout à l'administration centrale du département. (Arrêt du Conseil du 19 juillet 1746.)

Aussitôt qu'il sera prouvé à l'agent que l'épizootie existe dans une commune, il en instruira tous les propriétaires de bestiaux de ladite commune par une affiche posée aux lieux où se placent les actes de l'autorité publique, laquelle affiche enjoindra auxdits propriétaires de déclarer à l'agent le nombre de bêtes à cornes qu'ils possèdent, avec désignation d'âge, de taille, de poil, etc. Copie de ces déclarations sera envoyée au commissaire du Directoire exécutif près l'administration centrale du département. (Arrêt du Conseil du 19 juillet 1746, art. 4.)

En même temps l'agent municipal fera marquer, sous ses yeux, toutes les bêtes à cornes de sa commune avec un fer chaud représentant la lettre M. Quand l'administration centrale du département se sera assurée que l'épizootie n'a plus lieu dans son ressort, elle ordonnera une contre-marque telle qu'elle jugera à propos, afin que les bêtes puissent aller et être vendues partout sans qu'on ait rien à en craindre. (Arrêt du Conseil du 19 juillet 1746, et arrêt du Conseil du 16 juillet 1784.)

Afin d'éviter toute communication des bestiaux des pays infectés avec ceux des pays qui ne le sont pas, il sera fait, de temps en temps, des visites chez les propriétaires de bestiaux dans les communes infectées, pour s'assurer qu'aucun animal n'en a été distrait. (Arrêt du 24 mars 1745, art. 1er.)

Si, au mépris des dispositions précédentes, quelqu'un se permet de vendre ou d'acheter des bêtes marquées dans un pays infecté, pour les conduire dans un marché ou une foire, ou même chez un particulier de pays non infecté, il sera puni de cinq cents francs d'amende. Les propriétaires qui feront conduire leurs bêtes par leurs domestiques ou autres personnes dans les marchés ou foires, ou chez des particuliers de pays non infectés, seront responsables du fait de ces conducteurs. (Art. 5 et 6 de l'arrêt du Conseil du 19 juillet 1746.)

Il est enjoint à tout fonctionnaire public qui trouvera sur les chemins ou dans les foires ou marchés des bêtes à cornes marquées de la lettre M de les conduire devant le juge de paix, lequel les fera tuer sur-le-champ en sa présence. (Art. 7 de l'arrêt du Conseil du 19 juillet 1746.)

Pourront néanmoins les propriétaires de bêtes saines, en pays infecté, en faire tuer chez eux ou en vendre aux bouchers de leurs communes, mais aux conditions suivantes :

1° Il faudra que l'expert ait constaté que les bêtes ne sont point malades ;

2° Le boucher n'entrera point dans l'étable ;

3° Le boucher tuera les bêtes dans les vingt-quatre heures ;

4° Le propriétaire ne pourra s'en dessaisir, ni le boucher les tuer, qu'ils n'en aient la permission par écrit de l'agent, qui en fera mention sur son état. Toute contravention à cet égard sera punie de deux cents francs d'amende, le propriétaire et le boucher demeurant solidaires. (Art. 8 de l'arrêt du Conseil du 19 juillet 1746.)

Il est ordonné de tenir dans les lieux infectés tous les chiens à l'attache et de tuer tous ceux qu'on trouverait divagants. (Loi du 19 juillet 1791.)

Tout fonctionnaire public qui donnera des certificats et attestations contraires à la vérité sera condamné à mille francs d'amende et même poursuivi extraordinairement. (Art. 14 de l'arrêt du 24 mars 1745.)

Dans tous les cas où les amendes, pour les objets relatifs à l'épizootie, seront appliquées, aucun juge ne pourra les remettre ni les modérer; les jugements qui interviendront en conséquence seront exécutés par provision, et les délinquants, au surplus, soumis aux lois de la police correctionnelle. (Art. 7 et 8 de l'arrêt du Parlement de 1745; art. 15 de celui du Conseil de 1746, et art. 12 de celui de 1784.)

Aussitôt qu'une bête sera morte, au lieu de la traîner, on la transportera à l'endroit où elle doit être enterrée, qui sera autant que possible au moins à cinquante toises des habitations; on la jettera seule dans une fosse de huit pieds de profondeur, avec toute sa peau tailladée en plusieurs parties, et on la recouvrira de toute la terre sortie de la fosse. Dans le cas où le propriétaire n'aurait pas la faculté d'en faire le transport, l'agent municipal requerra un autre citoyen, et même les manouvriers nécessaires, à peine de cinquante francs d'amende contre les refusants. Dans les lieux où il y a des chevaux on préférera de faire traîner par eux les voitures chargées de bêtes mortes; lesquelles voitures seront lavées à l'eau chaude après le transport. Il est défendu de jeter les corps dans les bois, dans les rivières ou à la voirie, et de les enterrer dans les étables, cours et jardins, sous peine de trois cents francs d'amende et de tous dommages et intérêts. (Art. 5 de l'arrêt du Parlement de 1745, et art. 6 de celui du Conseil de 1784.)

Enfin, les corps administratifs, conformément au décret du 28 septembre 1791, emploieront tous les moyens de prévenir et d'arrêter l'épizootie; et, en conséquence, le Gouvernement compte sur leur zèle, pour faire faire des patrouilles; mettre la plus grande célérité dans l'exécution des lois, et ne rien épargner, soit pour préserver leur pays de la contagion, soit pour en arrêter les progrès. Lorsque l'épizootie se sera déclarée dans leur ressort, ils sont chargés d'en informer les administrations des départements voisins, et il leur est recommandé très-expressément d'en faire part sur-le-champ au Ministre de l'intérieur, ainsi que des progrès que pourra faire la maladie.

Ce n'est qu'en suivant avec une rigueur très-scrupuleuse les mesures indiquées qu'il sera possible de prévenir, dans la plupart des départements, et d'arrêter, dans ceux qui sont infectés, les effets d'une contagion ruineuse pour l'agriculture en général et pour les propriétaires.

(Suit une instruction dans laquelle l'épizootie est décrite sommairement, et où les moyens hygiéniques, préservatifs et curatifs sont exposés.)

Le Ministre de l'intérieur,

Signé : BENEZECH.

ORDONNANCE DU ROI

concernant l'épizootie.

Du 27 janvier 1815.

LOUIS, par la grâce de Dieu, ROI DE FRANCE ET DE NAVARRE,
A tous ceux qui ces présentes verront, SALUT.
Sur le rapport qui nous a été fait par notre Ministre secrétaire d'État de l'intérieur

de l'épizootie désastreuse qui enlève journellement un grand nombre de bœufs et de vaches, et qui paraît avoir été apportée dans plusieurs parties du royaume par les animaux amenés à la suite des armées étrangères;

Touché des pertes qui en résultent pour nos sujets, nous nous sommes fait rendre compte des efforts de l'administration dans cette circonstance, et nous avons eu la satisfaction de reconnaître que rien n'avait été négligé pour arrêter les progrès de ce fléau.

Voulant compléter les mesures prises précédemment, et donner à nos sujets propriétaires et cultivateurs des preuves de notre sollicitude en prévenant, autant qu'il est en nous, les suites funestes de l'épizootie, et en procurant des indemnités à ceux qui auraient éprouvé des dommages par l'exécution des dispositions rigoureuses que commande l'intérêt général de l'État,

Nous avons ordonné et ordonnons ce qui suit :

Art. 1er. Dans tous les lieux où a pénétré l'épizootie, et dans ceux où elle pénétrera par la suite, les préfets continueront à faire exécuter strictement les dispositions des arrêts des 10 avril 1714, 24 mars 1745, 19 juillet 1746, 18 décembre 1774, et de l'arrêté du Directoire exécutif du 27 messidor an v, concernant les épizooties.

2. Sur la demande des autorités administratives, les gardes nationales, la gendarmerie, les gardes champêtres, et au besoin les troupes de ligne, seront employés pour assurer l'exécution des dispositions rappelées et indiquées dans le précédent article, et notamment pour former les cordons et empêcher la communication des animaux suspects avec les animaux sains.

3. Dans les départements où la maladie n'a pas encore pénétré, les préfets ordonneront la visite des étables aussi souvent qu'ils le jugeront utile; ils exerceront une surveillance active et feront les dispositions nécessaires pour que l'on puisse exécuter sur-le-champ, et partout où besoin sera, toutes les mesures propres à arrêter les progrès de l'épizootie, si elle venait à se manifester.

4. A la première apparition des symptômes de contagion dans une commune, il sera envoyé des vétérinaires chargés de visiter les bestiaux et de reconnaître ceux qui doivent être abattus, aux termes des règlements cités en l'article 1er. L'abatage aura lieu sans délai, sur l'ordre des maires ou des commissaires délégués par les préfets.

5. Il sera dressé des procès-verbaux à l'effet de constater le nombre, l'espèce et la valeur des animaux qui ont été ou qui seront abattus pour arrêter les progrès de la contagion. Les extraits de ces procès-verbaux seront transmis par les préfets à notre Directeur général de l'agriculture et du commerce, qui fera établir l'état des indemnités auxquelles les propriétaires de ces animaux auront droit, d'après les bases determinées par les arrêts du Conseil des 18 octobre 1774 et 30 janvier 1775.

6. Nos Ministres secrétaires d'État de l'intérieur et des finances se concerteront pour nous soumettre un projet de loi sur les moyens de pourvoir à ces indemnités. Ce projet sera présenté aux Chambres à leur prochaine session.

7. Ils nous proposeront ultérieurement les mesures propres à assurer, en tous temps, des ressources suffisantes pour indemniser lespropriétaires de bestiaux des pertes qu'ils éprouveront, soit par l'effet direct des épizooties contagieuses, soit par l'exécution des dispositions prescrites pour en arrêter les progrès.

8. Nos Ministres secrétaires d'État de l'intérieur, des finances et de la guerre sont chargés, chacun en ce qui le concerne, de l'exécution de la présente ordonnance.

Donnée en notre château des Tuileries, le 27 janvier de l'an de grâce 1815, et de notre règne le vingtième.

Signé : LOUIS.

Par le Roi :

Pour ampliation :

Le Ministre secrétaire d'État de l'intérieur,

Signé l'Abbé DE MONTESQUIOU.

Pour expédition conforme :

Le Directeur général de l'agriculture et du commerce,
Conseiller d'État,

BECQUEY.

DÉCRET.

Du 5 septembre 1865.

NAPOLÉON, par la grâce de Dieu et la volonté nationale, Empereur des Français.

A tous présents et à venir, salut.

Sur la proposition de notre Ministre de l'agriculture, du commerce et des travaux publics;

Considérant que la peste bovine, *rinder-pest* des Allemands, *cattleplague* des Anglais, plus généralement connue en France sous le nom de *typhus contagieux des bêtes à cornes,* règne dans plusieurs États du nord et de l'est de l'Europe;

Que cette épizootie est essentiellement contagieuse; que la rapidité actuelle des communications peut favoriser son importation en France par des bestiaux provenant des pays infectés;

Vu l'article 1er de l'ordonnance du Roi du 6 janvier 1739;

Vu la loi du 6 octobre 1791, titre Ier, section IV, article 20,

Avons décrété et décrétons ce qui suit :

Art. Ier. L'importation en France des animaux domestiques, dont l'entrée présenterait des dangers au point de vue du *typhus contagieux,* pourra être interdite ou subordonnée à telles mesures qui pourraient être nécessaires pour prévenir l'invasion de la maladie.

2. Des arrêtés de notre Ministre de l'agriculture, du commerce et des travaux publics détermineront les frontières ou portions de frontières où l'introduction et le passage en transit des animaux domestiques pourront être interdits, et les conditions auxquelles cette introduction et ce passage pourront être autorisés.

3. Notre Ministre de l'agriculture, du commerce et des travaux publics est chargé de l'exécution du présent décret.

Fait au palais de Fontainebleau, le 5 septembre 1865.

NAPOLÉON.

Par l'Empereur :

Le Ministre de l'agriculture, du commerce et des travaux publics.

Armand BÉHIC.

DÉCRET

Du 5 décembre 1865.

NAPOLÉON, etc. etc.

Sur la proposition de notre Ministre de l'agriculture, du commerce et des travaux publics ;

Considérant que des animaux d'espèce exotique provenant d'Angleterre, et atteints du typhus contagieux des bêtes à cornes, ont été introduits dans un établissement voisin de Paris ;

Considérant qu'il importe, par suite, de prendre des mesures générales de protection et de sûreté ;

Considérant, en outre, qu'en Belgique et en Hollande il s'opère de notables transactions sur des animaux autres que ceux de l'espèce bovine et même sur des animaux de ménagerie ;

Vu notre décret du 5 septembre 1865 ;

Avons décrété et décrétons ce qui suit :

ARTICLE PREMIER.

Les mesures indiquées dans notre décret du 5 septembre 1865, en ce qui concerne les animaux domestiques, sont et demeurent applicables à tous les quadrupèdes autres que le cheval, l'âne, le mulet et la chèvre.

ART. 2.

Notre Ministre de l'agriculture, du commerce et des travaux publics est chargé de l'exécution du présent décret.

Fait au palais de Compiègne, le 5 décembre 1865.

NAPOLÉON.

Par l'Empereur :

Le Ministre de l'agriculture, du commerce et des travaux publics.

Armand BÉHIC

LOI RELATIVE AUX INDEMNITÉS

à allouer pour tous les animaux dont l'autorité publique aura ordonné ou ordonnera l'abatage par suite du typhus contagieux des bêtes à cornes.

Du 3o juin 1866.

NAPOLÉON, par la grâce de Dieu et la volonté nationale, EMPEREUR DES FRANÇAIS,
A tous présents et à venir, SALUT.

AVONS SANCTIONNÉ et SANCTIONNONS, PROMULGUÉ et PROMULGUONS ce qui suit :

LOI.
Extrait du procès-verbal du Corps législatif.

LE CORPS LÉGISLATIF A ADOPTÉ LE PROJET DE LOI dont la teneur suit :

ARTICLE UNIQUE. Les indemnités allouées pour tous les animaux dont l'autorité publique aura ordonné ou ordonnera l'abatage, par suite du typhus contagieux des bêtes à cornes, seront fixées aux trois quarts de la valeur.

Délibéré en séance publique, à Paris, le 11 juin 1866.

Le Président,

Signé A. WALEWSKI.

DÉCRET.

Du 3o septembre 1871.

LE PRÉSIDENT DE LA RÉPUBLIQUE,

Sur le rapport du Ministre de l'agriculture et du commerce,

Vu la loi du 3o juin 1866, dont l'article unique est ainsi conçu :

« Les indemnités allouées pour tous les animaux dont l'autorité publique aura
« ordonné ou ordonnera l'abatage, par suite du typhus contagieux des bêtes à cornes,
« seront fixées aux trois quarts de la valeur; »

La Commission provisoire chargée de remplacer le Conseil d'État entendue,

DÉCRÈTE :

ARTICLE PREMIER.

L'indemnité des trois quarts de la valeur, allouée par la loi du 3o juin 1866 aux propriétaires d'animaux abattus par l'ordre de l'autorité publique, sera fixée par le Ministre de l'agriculture et du commerce, après une expertise faite au moment même de l'ordre d'abatage.

ART. 2.

L'évaluation de l'animal abattu est faite par deux experts désignés, l'un par le maire, l'autre par la partie. A défaut par la partie de désigner son expert, l'expert désigné par le maire opère seul.

Le procès-verbal d'expertise est déposé à la mairie.

En cas de dissentiment entre les deux experts sur l'évaluation de l'animal abattu, le maire donne son avis à la suite du procès-verbal.

ART. 3.

Ce procès-verbal est transmis dans les cinq jours de sa date par le maire au préfet; il doit être accompagné :

1° De l'ordre d'abatage délivré par le maire, sur le rapport d'un vétérinaire;

2° D'un certificat du maire constatant que l'ordre d'abatage a reçu son exécution;

3° D'un certificat du maire constatant que la partie s'est conformée aux lois et règlements de la police sanitaire, notamment quant à la déclaration de la maladie de l'animal, dès que cette maladie s'est produite;

4° De la demande d'indemnité formée par la partie.

Le Ministre statue dans le délai de trois mois, à dater de la réception des pièces.

ART. 4.

Quand la peste bovine apparaît d'une manière soudaine dans une localité, et qu'il n'y a qu'un petit nombre d'animaux suspects, les cadavres doivent être enfouis ou détruits sur place par les procédés connus de l'équarrissage.

Si la peste bovine s'est étendue à une grande surface de territoire, l'usage des viandes abattues pourra être autorisé par un arrêté du préfet.

Cet arrêt déterminera :

1° Les conditions sous lesquelles devra s'opérer le transport, soit de ces viandes, soit des animaux vivants suspects, du lieu de provenance au lieu de consommation ou d'abatage;

2° Les précautions à prendre pour que les animaux vivants ne puissent être détournés de leur destination et soient abattus aussitôt après leur arrivée à l'abattoir.

ART. 5.

Dans le cas prévu par l'article précédent, le produit de la vente des viandes sera laissé au propriétaire de l'animal abattu.

Mais s'il excède le quart de la valeur de cet animal, l'indemnité des trois quarts due par l'État sera réduite de l'excédant.

ART. 6.

Les frais d'expertise, d'abatage, d'enfouissement, de désinfection, de transport des viandes et des animaux suspects, et tous autres frais accessoires, restent au compte des propriétaires.

ART. 7.

Le Ministre de l'agriculture et du commerce est chargé de l'exécution du présent décret, qui sera inséré au *Bulletin des lois* et publié au *Journal officiel* de la République française.

Fait à Versailles, le 30 septembre 1871.

A. THIERS.

Par le Président de la République :

Le Ministre de l'agriculture et du commerce,

Victor LEFRANC.

CODE PÉNAL.

Art. 459. Tout détenteur ou gardien d'animaux ou de bestiaux soupçonnés d'être infectés de maladies contagieuses qui n'aura pas averti le maire de la commune où ils se trouvent, et qui, même avant que le maire ait répondu à l'avertissement, ne les aura pas tenus renfermés, sera puni d'un emprisonnement de six jours à deux mois, et d'une amende de 16 francs à 200 francs.

460. Seront également punis d'un emprisonnement de deux mois à six mois, et d'une amende de 100 francs à 500 francs, ceux qui, au mépris des défenses de l'Administration, auront laissé leurs animaux ou bestiaux infectés communiquer avec d'autres.

461. Si, de la communication mentionnée au précédent article, il est résulté une contagion parmi les autres animaux, ceux qui auront contrevenu aux défenses de l'autorité administrative seront punis d'un emprisonnement de deux ans à cinq ans, et d'une amende de 100 francs à 1,000 francs, le tout sans préjudice de l'exécution des lois et règlements relatifs aux maladies épizootiques, et de l'application des peines y portées.

462. Si les délits de police correctionnelle dont il est parlé au présent chapitre ont été commis par des gardes champêtres ou forestiers, ou des officiers de police, à quelque titre que ce soit, la peine d'emprisonnement sera d'un mois au moins, et d'un tiers au plus en sus de la peine la plus forte qui serait appliquée à un autre coupable du même délit.

472. Seront punis d'amende, depuis 1 franc jusqu'à 5 francs inclusivement :

§ 15. Ceux qui auront contrevenu aux règlements légalement faits par l'autorité administrative, et ceux qui ne se seront pas conformés aux règlements ou arrêtés publiés par l'autorité municipale, en vertu des articles 3 et 4, titre XI, de la loi des 16-24 août 1790, et de l'article 46, titre Ier, de la loi des 19-22 juillet 1791 (police des épizooties).

CIRCULAIRE MINISTÉRIELLE.

Question des indemnités pour pertes de bestiaux abattus par suite de la peste bovine. —
Renvoi de pièces.

Versailles, le 12 décembre 1871.

MONSIEUR LE PRÉFET, vous m'avez transmis les demandes présentées par des cultivateurs de votre département, à l'effet d'obtenir l'indemnité accordée, en vertu de la loi
du 30 juin 1866, pour pertes de bestiaux abattus par suite de la peste bovine.

En présence des exagérations remarquées par mon administration dans les procès-
verbaux d'estimation produits à l'appui de ces demandes, en raison de la persistance
de l'épizootie et des sacrifices considérables qu'elle a déjà imposés à l'État, il est devenu
indispensable de prendre de nouvelles dispositions pour assurer une répartition plus
equitable des indemnités qu'il peut y avoir lieu d'allouer conformément à la loi pré-
citée.

L'administration de l'agriculture a déjà liquidé des indemnités pour une somme d'environ 5 millions de francs, mais elle a lieu de croire que, dans un sentiment de com-
plaisance qu'on ne saurait trop réprouver, les autorités locales n'aient quelquefois
délivré des certificats conçus de façon à faire participer leurs administrés à une indemnité qui ne peut et ne doit être accordée que dans les conditions spéciales déterminées
par la loi de 1866 et le décret du 30 septembre 1871.

Ces fraudes deviennent un scandale, et il importe de les déjouer. C'est le devoir de
l'Administration de protéger la fortune publique contre les manœuvres déloyales de
ceux dont la conscience est assez aveuglée pour croire que l'on peut impunément tromper l'État.

Les tendances à l'exagération dans les évaluations s'accusent de plus en plus, et il
est absolument nécessaire d'y porter remède.

Vous comprendrez, Monsieur le Préfet, que mon administration n'est pas en situation de ramener elle-même à leur véritable prix les animaux sacrifiés, soit par ignorance
des circonstances locales ou de la valeur habituelle du bétail de la contrée.

Je vous prie, en conséquence, d'instituer au chef-lieu de votre département une
commission spéciale chargée de reviser les demandes d'indemnités que je vous renvoie
ci-jointes, et toutes celles qui vous seront adressées à l'avenir.

Cette commission sera composée de la manière qui vous paraîtra offrir le plus de
garantie pour un examen attentif, consciencieux et éclairé des pièces composant chaque
dossier. Elle devra se faire rendre compte, toutes les fois que cela lui semblera utile,
des circonstances qui ont amené les abatages et des conditions dans lesquelles ils ont
été effectués. Les estimations seront examinées avec soin, mais la commission devra
surtout s'appesantir sur la constatation de l'abatage, et uniquement de l'abatage pour
cause de peste bovine. Il est arrivé, en effet, bien souvent que, malgré l'injonction
adressée aux détenteurs d'animaux malades ou suspects, cette mesure n'a pas été exécutée. Les sujets ont été abandonnés à eux-mêmes, et ils ont succombé naturellement
aux suites de la maladie; cependant on n'en réclame pas moins une indemnité en pro-

duisant l'ordre délivré par le maire. Il y aurait lieu de craindre encore que l'on ne fît abattre, sous prétexte de peste bovine, des animaux atteints de toute autre maladie jugée incurable.

La loi du 3o juin 1866, vous le savez, n'a pas pour but de couvrir les sinistres causés par l'épizootie de peste bovine. Son objet unique est de compléter les dispositions légales de police sanitaire applicables à cette épizootie, en fixant la quotité de l'indemnité à accorder au propriétaire dont l'animal a été sacrifié dans une mesure d'intérêt commun. Pour que l'indemnité soit acquise, il faut donc de toute nécessité que les conditions qui y donnent droit aient été remplies.

On ne peut admettre, par exemple, qu'un propriétaire laissant la maladie se développer sur ses animaux, sans en faire tout d'abord la déclaration au maire, serait fondé à invoquer les dispositions de la loi en vue d'obtenir une indemnité, si l'autorité vient à faire abattre ses animaux pour éteindre un foyer d'infection qui constitue un danger public. Bien plus, par le fait de sa négligence, ce propriétaire a pu contribuer à l'extension du mal contagieux. Au lieu d'avoir droit à une indemnité, il serait passible de poursuites judiciaires, s'il était démontré qu'il a aggravé les charges de l'État, en communiquant la maladie aux bestiaux du voisinage.

C'est dans cet esprit que la commission devra procéder à ses opérations. Lorsqu'elle rencontrera quelques difficultés, elle voudra bien en tenir note, et je vous prierai de joindre ses observations aux dossiers auxquels elles se rapporteront.

Je vous serai obligé, d'ailleurs, de faire parvenir à mon administration, après le travail de la commission, toutes les pièces en les accompagnant d'un bordereau en double expédition dressé dans la forme ordinaire.

Recevez, Monsieur le Préfet, l'assurance de ma considération la plus distinguée.

Le Ministre de l'agriculture et du commerce,

Victor LEFRANC.